汉竹编著 • 亲亲乐读系列

月嫂私房月子餐

每日一页

钟燕 主编

江苏凤凰科学技术出版社
全国百佳图书出版单位
·南京·

图书在版编目（CIP）数据

月嫂私房月子餐每日一页 / 钟燕主编 .—南京：江苏凤凰科学技术出版社，2021.09（2025.01）
（汉竹·亲亲乐读系列）
ISBN 978-7-5713-1830-7

Ⅰ.①月… Ⅱ.①钟… Ⅲ.①产妇－妇幼保健－食谱 Ⅳ.① TS972.164

中国版本图书馆 CIP 数据核字 (2021) 第 049697 号

月嫂私房月子餐每日一页

主　　编	钟　燕
编　　著	汉　竹
责任编辑	刘玉锋　黄翠香
特邀编辑	李佳昕　张　欢
责任设计	蒋佳佳
责任校对	仲　敏
责任监制	刘文洋
出版发行	江苏凤凰科学技术出版社
出版社地址	南京市湖南路 1 号 A 楼，邮编：210009
出版社网址	http://www.pspress.cn
印　　刷	合肥精艺印刷有限公司
开　　本	720 mm × 868 mm　1/12
印　　张	14
字　　数	280 000
版　　次	2021 年 9 月第 1 版
印　　次	2025 年 1 月第 8 次印刷
标准书号	ISBN 978-7-5713-1830-7
定　　价	39.80 元

编辑导读

科学地吃好月子餐，不仅可以使产后新妈妈恢复往昔的活力，还有助于产后身体恢复，在轻松完成照顾宝宝的“甜蜜任务”同时，更快瘦身。

本书中的私房月子餐包含：42天月子期的每日饮食指导及菜谱推荐，特殊新妈妈的饮食指导及菜谱推荐，7种月子期身体不适食疗方。从初期开胃排毒、补钙补血，到中期催乳下奶、调理滋补，再到最后预防抑郁、瘦身养颜。科学搭配月子餐，保证营养均衡，让每一位新妈妈舒心坐月子，放心进补。

产后42天，是改变女性体质的好时机。愿您吃对月子餐，为宝宝的茁壮成长保驾护航的同时，做个幸福的妈妈！

月嫂推荐的专享月子食材

红枣

食材功效

月子餐中加入红枣可滋养气血、补养身体。红枣还有安神的作用，对心神不宁、产后抑郁等有一定的缓解作用。

推荐食谱：牛奶红枣粥

红豆

食材功效

红豆不仅有补血的作用，还有利水消肿的功效。对新妈妈来说，适量食用红豆可祛湿健脾。

推荐食谱：红豆黑米粥

红糖

食材功效

红糖不仅能活血化瘀，还能促进产后恶露排出。

推荐食谱：生化汤

桂圆

食材功效

可补心脾、养气血、安神，适用于产后体虚、气血不足或营养不良、贫血的新妈妈。

推荐食谱：鲜奶糯米桂圆粥

花生

食材功效

花生具有扶正补虚、健脾和胃的功效，而且通乳作用强。此外，花生中含有丰富的蛋白质、维生素 E，具有很好的补血功效。

推荐食谱：黑芝麻花生粥

小米

食材功效

小米具有滋阴养血、预防消化不良的功效。产后多吃些小米粥可以使虚寒的体质得到调养，帮助恢复体力。

推荐食谱：胡萝卜小米粥

鲫鱼

食材功效

鲫鱼营养全面，易于消化，新妈妈常吃可增强抗病能力。鲫鱼中含有的优质蛋白质还可以起到催乳的作用。

推荐食谱：荷兰豆烧鲫鱼

鲤鱼

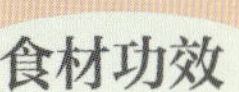

食材功效

鲤鱼可补脾健胃、利水消肿、通乳明目，对缓解产后水肿、腹胀、少尿、乳汁不通等症状皆有益。

推荐食谱：红枣黑豆炖鲤鱼

黄花鱼

食材功效

黄花鱼特别适合产后体质虚弱、面黄肌瘦、少气乏力、目昏神倦的新妈妈食用，有安神定气、促进睡眠的作用。

推荐食谱：冬笋雪菜黄花鱼汤

猪肝

食材功效

猪肝中含有丰富的铁、锌等元素，其蛋白质含量也非常丰富，新妈妈常吃猪肝可以补气血、补肝、明目，有助于缓解眼睛干涩、疲劳。

推荐食谱：猪肝红枣粥

猪蹄

食材功效

猪蹄有补血通乳的作用，做汤食用，是传统的产后催乳佳品。

推荐食谱：通草炖猪蹄

乌鸡

食材功效

乌鸡有滋补肝肾、益气补血等功效，特别对新妈妈产后的气虚、血虚、脾虚、肾虚等尤为有效。

推荐食谱：生地乌鸡汤

目录

产后第1周

产后第周

产后第 2 周 饮食营养指导......20

一周私房月子餐......22

产后第3周

产后第3周 饮食营养指导……38

一周私房月子餐……40

产后第4周

产后第5周

产后第6周

特殊妈妈需要特殊的营养

这样吃不落月子病

新妈妈的身体变化

体重：分娩后由于胎宝宝、胎盘、羊水等被排出体外，新妈妈的体重会减少 5 千克左右。

恶露：生产后，子宫内的残留物（含有血液、少量胎膜及坏死的蜕膜组织）会经由阴道排出体外，形成恶露。产后 2~4 天会出现血性恶露，属于正常现象。

子宫：子宫逐渐缩至拳头大小。在第 1 周，子宫回位、收缩都比较迅速。

乳房：开始分泌乳汁。不要过早给新妈妈喝催乳汤，以防乳腺堵塞。

产后第1周

本周产后恢复特别关注

开奶：产后半小时开奶，促进泌乳。

观察出血量：产后会有出血，注意观察出血量。

及时排便：肠道功能会有所恢复，注意及时排大小便。

清洁乳房：有些妈妈开始分泌母乳，注意乳房清洁。

保暖：母婴健康就可以出院，注意保暖，以防着凉。

排恶露：血性恶露开始排出，适量喝生化汤。

产后第 1 周 饮食营养指导

为补充新妈妈在分娩过程中消耗的能量，本周饮食应在清淡的基础上注重补充足够的营养和热量。新妈妈现在的身体仍处于虚弱的状态，胃肠的消化能力尚未完全恢复，所以进补要循序渐进。

在汤或粥中加入时令蔬果，营养更丰富。

保持饮食多样化

很多新妈妈觉得好不容易生下了宝宝，终于可以不用在食物上顾虑那么多了，就挑自己喜欢吃的吃。殊不知，不挑食、不偏食更重要。因为新妈妈产后身体的恢复和宝宝营养的摄取均需要大量营养，新妈妈千万不要挑食和偏食，要讲究粗细搭配、荤素搭配等。这样既可保证多种营养均衡摄取，也对新妈妈身体的恢复很有益处。

以开胃为主

分娩后，新妈妈会感觉身体虚弱、胃口较差，因为新妈妈的胃肠功能还没有复原，所以进补不是本周的主要目的。本周的主要目的是开胃、排恶露，要吃易于消化、吸收的食物以利于胃肠功能的恢复。可以喝些清淡的鱼汤、鸡汤、蛋花汤等，主食可以吃些馒头、龙须面、米饭等。另外，新鲜蔬菜和苹果、香蕉等水果也可增加新妈妈的食欲。

可喝生化汤促排恶露

生化汤是一种传统的产后方，可以帮助新妈妈排出恶露，但是食用要适量，否则有可能增加出血量，不利于子宫修复。一般自然分娩的新妈妈在无凝血功能障碍、血崩或伤口感染的情况下，可适量食用，食用前需咨询一下医生。

少吃生、冷、硬的食物

新妈妈产后体质较弱，抵抗力差，容易患胃炎、肠炎等消化道疾病，所以坐月子期间不要食用生冷和寒性的食物，如西瓜。过硬的食物也不宜吃，不但对牙齿不好，也不利于消化吸收。

不要着急喝催乳汤

因为产后新妈妈马上喝催乳汤，往往会“虚不受补”，反而易导致乳汁分泌不畅，造成乳腺管堵塞。另外，新生儿刚出生吃不了那么多，容易造成浪费，还可能造成胀奶。

产后第 3 周再让新妈妈多喝猪蹄汤、鲫鱼汤等催乳汤。

月嫂私房话

早吸吮、早开奶：早让宝宝吸吮可以起到催乳作用。这样既可促进新妈妈及早分泌和排出乳汁，还可以使宝宝得到珍贵的初乳，获得丰富的营养物质和免疫物质。

增加喂奶次数：很多新妈妈刚开始泌乳时，会感到乳房疼痛、肿胀，最初几天多给宝宝喂几次奶，有助于缓解不适感。

一周私房月子餐

餐饮周计划

序号	早餐	午餐	晚餐	加餐
星期一	乌鸡糯米粥、蒸蛋羹	香油猪肝汤、蔬菜软饼、肉末烧豆腐	什菌一品煲、小馄饨	红薯苹果牛奶、坚果
星期二	平菇小米粥、包子	紫菜包饭、酒酿鱼汤、彩椒炒鸡丝	紫菜鸡蛋汤、三鲜饺子	酸奶、西红柿面片汤
星期三	面条汤卧蛋、麻酱豇豆	二米饭、海带冬瓜排骨汤、鸡丝菠菜、莴笋木耳炒鱼片	三丁豆腐羹、芹菜炒肉丝、牛奶小馒头	红薯粥、薏米红枣百合汤
星期四	黑米红豆粥、牛奶小馒头	燕麦饭、黄花菜豆腐瘦肉汤、奶油白菜、橙香鱼排	杂粮馒头、西蓝花鹌鹑蛋汤、荷兰豆炒鸡片	香菇红糖玉米粥
星期五	荔枝红枣粥、蔬菜汁蒸鸡蛋	芦笋蛤蜊饭、鲢鱼丝瓜汤、芝麻酱拌菠菜	米饭、干贝冬瓜汤、什锦西蓝花、彩椒炒牛肉	红豆酒酿蛋
星期六	当归红枣牛筋花生汤、全麦面包片	虾仁馄饨、枣杞蒸鸡、冬笋拌豆芽	什锦果汁饭、芦笋炒肉丝、菠菜猪肝汤	鸡蓉玉米羹
星期日	银鱼苋菜汤、牛奶小馒头	牛肉饼、蛤蜊豆腐汤、清炒莴笋丝	紫菜包饭、西红柿鱼片汤、肉末蒸蛋、糖醋莲藕	牛奶燕麦片

产后第 1 天

乌鸡糯米粥

原料：乌鸡腿 100 克，糯米 50 克，葱丝、盐各适量。

做法：①乌鸡腿洗净，切块，放入开水锅中汆烫，捞出洗净并沥干。②乌鸡腿块放入汤锅中，加适量水，大火煮开后转小火炖煮 20 分钟。③加入糯米同煮，大火再次煮沸后，转小火煮至糯米软烂。④加入葱丝、盐，盖上锅盖焖一下即可。

营养功效：乌鸡补虚，糯米香甜，食欲不佳的新妈妈可尝试一下。

香油猪肝汤

原料：猪肝 50 克，芝麻香油 10 克，米酒 50 毫升，老姜片 30 克。

做法：①猪肝洗净沥干，切片。②锅内倒芝麻香油，小火煎至油热后加入老姜片。③将猪肝片放入锅内大火快速煸炒 2 分钟，倒入米酒。④米酒煮开后，立即取出猪肝。⑤米酒用小火煮至完全没有酒味，再将猪肝放回锅中即可。

营养功效：小火煎过的香油温和不燥，有促进恶露排出、增强子宫收缩的功效。

红薯苹果牛奶

原料：红薯 70 克，苹果 1 个，牛奶 150 毫升。

做法：①红薯洗净，去皮，切小块，蒸熟；苹果洗净，去皮，去核，切小块。②将红薯和苹果放入料理机中，加入牛奶，再加纯净水至上下水位线之间，按“果蔬汁”键进行榨汁，制作好后倒出即可。

营养功效：红薯含有丰富的膳食纤维，有助于排便；牛奶含有丰富的蛋白质和钙等营养成分。

什菌一品煲

原料：泡发香菇 30 克，泡发猴头菇、草菇、平菇、白菜心各 50 克，素高汤（或清水）、葱段、盐适量。

做法：①泡发香菇洗净，切去蒂部，划出花刀；平菇洗净切去根部，撕成条；泡发的猴头菇和草菇洗净切开。②锅内放入清水或素高汤、葱段，大火烧开。③先放入香菇、猴头菇煮 10 分钟，再放入草菇、平菇、白菜心煮 5 分钟，加盐调味即可。

营养功效：什菌汤味道香浓，具有很好的开胃作用。

产后第 2 天

新妈妈产后身体虚弱，需要好好休息，但是长期卧床不活动也有许多坏处。如无特殊情况，顺产妈妈在产后 24 小时就可以起床下地活动了。

今日饮食要点

清淡饮食

新妈妈此时饮食宜以清淡为主，不宜食用口味过重的食物。

平菇小米粥

原料： 小米 50 克，平菇 30 克，盐适量。

做法： ①平菇洗净，撕成条后焯烫；小米洗净。②将小米放入锅中，加适量清水大火煮沸后，改小火熬煮。③待小米煮烂时放入平菇条，稍煮片刻，加盐调味即可。

营养功效：此粥可安神助眠，通便排毒，改善新妈妈的新陈代谢，增强体质。

西红柿面片汤

原料： 西红柿 1 个，面片 50 克，高汤、盐、香油各适量。

做法： ①西红柿去皮、切块。②锅中放油烧热，放入西红柿炒香后放高汤烧开，加入面片。③煮 3 分钟后，加盐、香油调味即可。

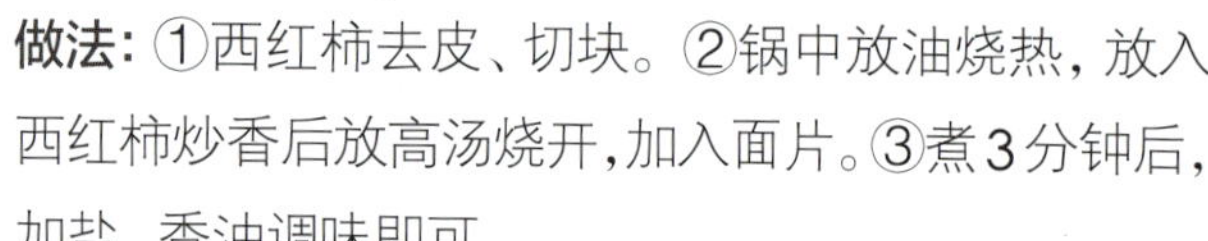

营养功效：此汤具有滋阴清火的作用，可缓解新妈妈大便秘结、血虚体弱、头晕乏力等症状。

可轻揉腹部

顺产妈妈在半坐卧闭目养神的同时，可用手掌从上腹部向脐部按揉，在脐部停留，旋转按揉片刻，再按揉小腹，这样有利于恶露下行，避免或减轻产后腹痛和产后出血，帮助子宫尽快恢复。

酒酿鱼汤

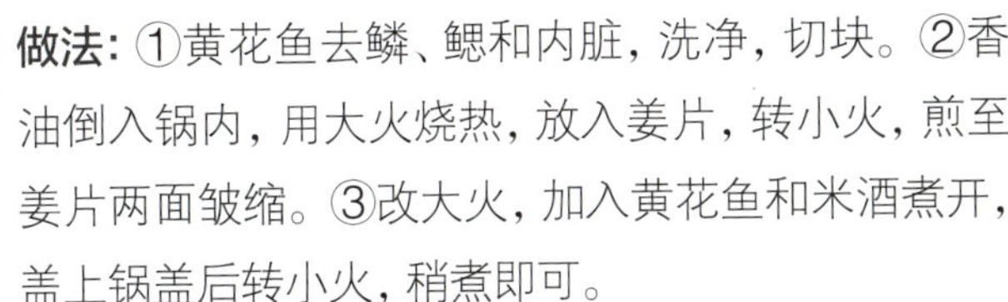

原料：黄花鱼 1 条，米酒、姜片、香油各适量。

做法：①黄花鱼去鳞、鳃和内脏，洗净，切块。②香油倒入锅内，用大火烧热，放入姜片，转小火，煎至姜片两面皱缩。③改大火，加入黄花鱼和米酒煮开，盖上锅盖后转小火，稍煮即可。

营养功效：酒酿鱼汤是南方坐月子的新妈妈喜欢的一道月子汤。

紫菜鸡蛋汤

原料：鸡蛋 1 个，紫菜 10 克，虾皮、葱、香菜、盐、香油各适量。

做法：①将紫菜撕成片状；鸡蛋打成蛋液，在蛋液里放一点盐，搅匀；香菜、葱洗净，切成香菜段、葱花。②锅里倒清水，待水沸后放入虾皮和紫菜略煮，再倒入鸡蛋液，搅拌成蛋花。③出锅前放入盐调味，撒上葱花、香菜段，淋入香油即可。

营养功效：此汤品清淡可口，符合新妈妈饮食清淡的原则。

产后第 3 天

顺产妈妈一般产后当天就开始分泌乳汁了，此时身体慢慢得到恢复的新妈妈要补充足量的蛋白质、碳水化合物、脂肪和水，还要补充丰富的矿物质和维生素，提高乳汁质量，满足宝宝身体发育需要。

今日饮食要点

喝生化汤促排恶露

顺产妈妈在无凝血障碍、血崩和伤口感染的情况下，可以在医生的指导下开始喝生化汤了。

面条汤卧蛋

原料： 面条 100 克，猪肉 50 克，鸡蛋 1 个，菠菜段、葱花、姜丝、香油、盐各适量。

做法： ①猪肉切丝，并用盐、葱花、姜丝和香油拌匀腌制。②水烧开，下入面条，待水将开时，将鸡蛋打入汤中并转小火。③待鸡蛋熟、面条断生时，加入肉丝和菠菜段煮熟，撒上葱花即可。

营养功效：面条是北方新妈妈坐月子必备的食物，搭配鸡蛋和瘦肉能补充体力。

三丁豆腐羹

原料： 豆腐 100 克，鸡胸肉、西红柿、鲜豌豆各 50 克，盐、香油各适量。

做法： ①将豆腐切成丁，在沸水中煮 1 分钟。②鸡胸肉洗净，西红柿洗净去皮，都切成小丁。③将豆腐丁、鸡肉丁、西红柿丁、豌豆放入锅中，大火煮沸，转小火煮 20 分钟。④出锅时加盐，淋上香油即可。

营养功效：豆腐中丰富的大豆卵磷脂有益于宝宝大脑的发育，新妈妈可适当多吃。

阴道侧切的顺产妈妈应随时防止会阴切口裂开

做了阴道侧切的顺产妈妈，要随时防止会阴切口裂开。发生便秘时，不要屏气用力扩张会阴部，可用开塞露或液体状石蜡润滑，尤其是拆线后两三天内，避免做下蹲、用力的动作。

排便时宜先收敛会阴部和臀部，然后坐在马桶上，可有效地避免会阴伤口裂开。坐立时身体重心偏向没有侧切的一侧，既可减轻伤口受压而引起的疼痛，也可防止表皮错开；日常避免摔倒或大腿过度外展而使伤口裂开。

薏米红枣百合汤

原料：薏米 50 克，鲜百合 20 克，红枣 3 颗。

做法：①薏米淘洗干净，放入清水中浸泡 4 小时；鲜百合切去头尾，掰成片洗净；红枣洗净，去核备用。②将泡好的薏米和清水一同放入锅内，用大火煮开后，转小火煮 1 小时。③先把红枣放入锅内煮 25 分钟，再放入鲜百合煮 5 分钟即可。

营养功效：百合有镇静和催眠的作用，红枣则是天然的补血上品。

红薯粥

原料：新鲜红薯 100 克，大米 50 克。

做法：①红薯洗净，去皮，切小块。

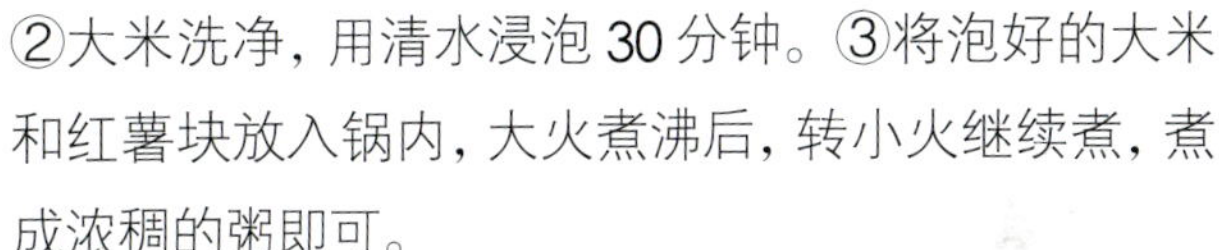

②大米洗净，用清水浸泡 30 分钟。③将泡好的大米和红薯块放入锅内，大火煮沸后，转小火继续煮，煮成浓稠的粥即可。

营养功效：此粥可益气通乳、润肠通便。

产后第 4 天

产后，新妈妈体内的雌性激素会突然降低，很容易产生抑郁的心理。此时新妈妈要注意多休息，不要吃太饱，还要护理好伤口，同时要关注阴道出血量，并养成按时排便的习惯。

今日饮食要点

可吃些防抑郁的食物

新妈妈可适量吃些防抑郁的食物，例如鱼肉、鸡肉、香蕉、菠菜、蘑菇、小米等。

香菇红糖玉米粥

原料：香菇、玉米粒各 50 克，大米 100 克，红糖适量。

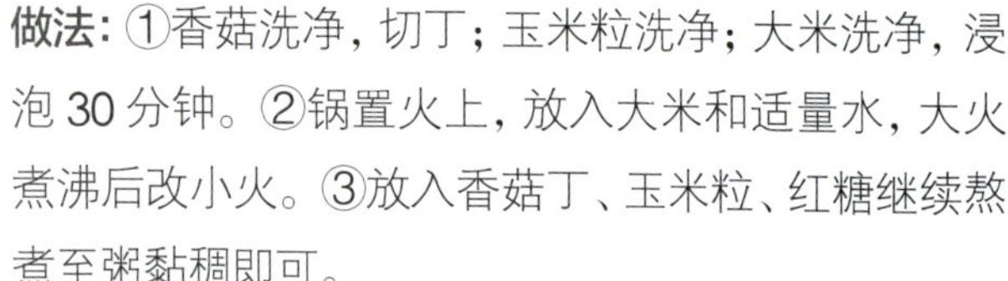

做法：①香菇洗净，切丁；玉米粒洗净；大米洗净，浸泡 30 分钟。②锅置火上，放入大米和适量水，大火煮沸后改小火。③放入香菇丁、玉米粒、红糖继续熬煮至粥黏稠即可。

营养功效：此粥能够促进新妈妈的新陈代谢，还有助于排出体内瘀血。

西蓝花鹌鹑蛋汤

原料：西蓝花 100 克，鹌鹑蛋 10 个，香菇 3 朵，火腿、西红柿各 50 克，盐适量。

做法：①西蓝花切小朵洗净，焯烫 1 分钟。②鹌鹑蛋煮熟剥皮；香菇去蒂洗净切花刀；火腿切成丁；西红柿洗净，切片，备用。③将香菇、火腿丁放入锅中，加清水大火煮沸，转小火再煮 10 分钟。④把鹌鹑蛋、西蓝花、西红柿放入锅中，再次煮沸，加盐调味即可。

营养功效：此汤是很好的滋补品，美味营养，还有助于产后恢复。

月嫂私房话

剖宫产妈妈应防止缝线断裂

剖宫产妈妈术后要小心再小心，时刻提醒自己伤口还没有复原。咳嗽、打喷嚏、呕吐时，请家人帮助新妈妈用手压住伤口两侧，以免伤口出现意外。另外，家人还要多帮助新妈妈检查伤口的愈合情况，尤其是肥胖者、糖尿病患者、贫血患者等。家人还可在新妈妈卧床休息时，给新妈妈轻轻按摩腹部，这不但能促进胃肠功能尽快恢复，还能促进子宫、阴道内残余积血的排出。

黑米红豆粥

原料：黑米、红豆各50克，大米20克，莲子、花生各10克。

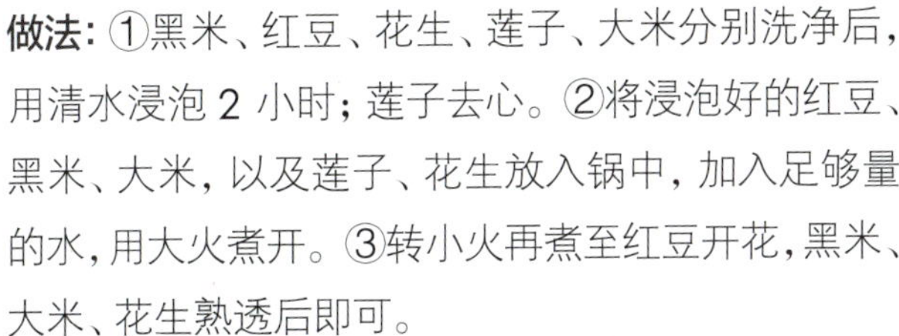

做法：①黑米、红豆、花生、莲子、大米分别洗净后，用清水浸泡2小时；莲子去心。②将浸泡好的红豆、黑米、大米，以及莲子、花生放入锅中，加入足够量的水，用大火煮开。③转小火再煮至红豆开花，黑米、大米、花生熟透后即可。

营养功效：黑米有滋阴补肾、补胃暖肝的功效，还可以帮助产后妈妈缓解头晕目眩、贫血等症状。

黄花菜豆腐瘦肉汤

原料：猪瘦肉100克，黄花菜10克，豆腐块150克，盐适量。

做法：①黄花菜泡软、洗净、去头尾。②猪瘦肉洗净，切片备用。③将黄花菜和猪瘦肉放入锅中，加适量水，大火煮沸后改用小火煲1小时。④加豆腐煲10分钟，加盐调味即可。

营养功效：黄花菜具有清热除烦、利水消肿的作用，与富含蛋白质的豆腐和滋阴润燥的猪瘦肉同食，功效显著。

产后第 5 天

经过前几天的调养，新妈妈的不适感有所减轻，开始有精力去关注宝宝了。但新妈妈难免会因为照顾宝宝而出现睡不着、睡不好的情况。

今日饮食要点

可吃些助眠食物

新妈妈照顾宝宝劳心费力，睡眠质量下降时，可吃些安神的食物调节，如莲子、牛奶等。

干贝冬瓜汤

原料：冬瓜 150 克，干贝 50 克，盐适量。

做法：①冬瓜削皮，去子，洗净后切片备用；干贝洗净，浸泡 30 分钟。②干贝放入瓷碗内，加清水，以没过干贝为宜，用大火蒸 30 分钟。③干贝捞出碾碎；冬瓜片、干贝放入锅内，加水煮 15 分钟。④出锅时加入适量盐即可。

营养功效：冬瓜的维生素 C 含量较高；干贝有助于提高新妈妈的睡眠质量。

鲢鱼丝瓜汤

原料：鲢鱼头 1 个，丝瓜 200 克，葱段、姜片、白糖、盐、料酒各适量。

做法：①鲢鱼头去鳞、去鳃，洗净后备用。②丝瓜去皮，洗净，切成 4 厘米长的条，备用。③热锅起油，放入姜片爆香后放入鱼头略煎，放清水开大火煮沸，再加料酒、白糖、葱段。④转小火慢炖 10 分钟后，加入丝瓜条。⑤煮至鲢鱼头、丝瓜条熟透后，拣去葱段、姜片，加盐调味即可。

营养功效：丝瓜具有通经络、行血的功效；鲢鱼有温中益气的作用。此汤两物相配，具有补中益气、生血通乳的作用。

月嫂私房话

每天至少保证八九个小时的睡眠

生完宝宝后，新妈妈有好多新的任务要完成，如喂奶、换尿片、哄宝宝睡觉……晚上睡个好觉成了一种奢望。为了自己和宝宝的身体健康，新妈妈必须保证每天的睡眠时间在八九个小时。如果晚上睡不好，新妈妈可以在白天调整作息，在宝宝睡觉的时候也跟着一起睡一觉。

荔枝红枣粥

原料：鲜荔枝 30 克，红枣 2 颗，大米 100 克。

做法：①大米淘洗干净，清水浸泡 30 分钟；鲜荔枝洗净去壳、去核，取肉；红枣洗净、去核。②将大米与荔枝肉、红枣一同放入锅内，加清水，用大火煮沸，然后转小火煮至米烂粥稠即可。

本粥品补血和美容养颜的效果也特别好。

营养功效：红枣可宁心安神，增强食欲；荔枝可增强免疫功能。

红豆酒酿蛋

原料：红豆 50 克，米酒 200 毫升，鸡蛋 1 个，红糖适量。

做法：①红豆洗净，用清水浸泡 1 小时；鸡蛋打散成蛋液。②将浸泡好的红豆和清水一同放入锅内，用小火将红豆煮烂。③米酒倒入煮烂的红豆汤内，烧开。④加入适量红糖，倒入鸡蛋液，搅成蛋花即可。

营养功效：此汤品是南方新妈妈坐月子的一道家常补品，有通乳下奶的功效。

产后第 6 天

不少新妈妈此时可能依然会觉得浑身没劲，这时要增加食物的多样性，变换烹饪方式，争取多摄入一些易被人体吸收的高蛋白、低脂肪食物。

今日饮食要点

适当补充能量

为新妈妈准备些易消化，且补充体力的食物，如面条、瘦肉等。

当归红枣牛筋花生汤

原料：牛蹄筋 100 克，花生 30 克，红枣 5 颗，当归 5 克，盐适量。

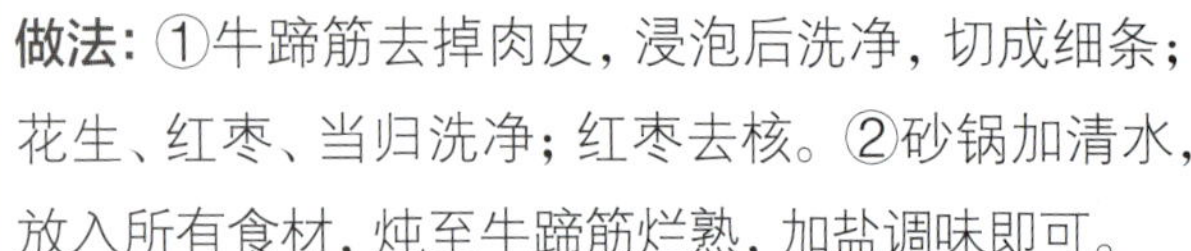

做法：①牛蹄筋去掉肉皮，浸泡后洗净，切成细条；花生、红枣、当归洗净；红枣去核。②砂锅加清水，放入所有食材，炖至牛蹄筋烂熟，加盐调味即可。

营养功效：此汤可补益气血，强壮筋骨，适合四肢乏力的新妈妈食用。

虾仁馄饨

原料：鲜虾仁 30 克，猪肉 100 克，鸡蛋（取蛋清），胡萝卜 15 克，虾皮、盐、香油、葱、姜、淀粉、馄饨皮各适量。

做法：①将鲜虾仁、猪肉、胡萝卜、葱、姜剁碎（留部分葱花），加入鸡蛋清、香油、盐、生粉拌匀。②把做成的馅料包入馄饨皮中，放在沸水中煮熟。③碗内放入虾皮、葱花、盐、香油，倒入热汤，最后捞入馄饨即可。

营养功效：胡萝卜有益肝明目的作用；虾仁含有丰富的蛋白质，且通乳作用较强。

月嫂私房话

定期开窗通风

产后很多新妈妈怕受风，整天门窗紧闭，这对新妈妈和宝宝的健康很不利。新妈妈的居室应坚持每天开窗通风两三次，每次 20~30 分钟，这样才能降低空气中病原微生物的密度，防止感染感冒病毒。通风时，新妈妈和宝宝暂移到其他房间，避免因受对流风直吹而着凉。

芦笋炒肉丝

原料：猪瘦肉 60 克，芦笋 3 条，胡萝卜 30 克，姜丝、葱段、盐、白糖、香油、淀粉各适量。

做法：①猪瘦肉切丝，用盐、香油、淀粉、姜丝、葱段调味；芦笋去老皮洗净、切段；胡萝卜洗净、切条。②锅中放水烧开，放入芦笋段和胡萝卜条焯水捞出。③炒锅放油烧热，加肉丝煸炒。④肉丝炒至变色后倒入芦笋段和胡萝卜条，加盐、白糖调味即可。

营养功效：这道菜营养丰富，且有助于提高新妈妈免疫力。

鸡蓉玉米羹

原料：鸡胸肉 100 克，鲜玉米粒 50 克，鸡蛋 1 个，盐适量。

做法：①将鲜玉米粒洗净，备用；鸡胸肉洗净，切成与玉米粒大小相同的丁；把鸡蛋打成蛋液，备用。②把鲜玉米粒、鸡肉丁放入锅内，加入清水大火煮开，并撇出浮沫。③转中火再煮 30 分钟。④打好的蛋液沿着锅边倒入，一边倒入一边搅动，开大火将蛋液煮熟，放盐调味即可。

此羹用甜玉米粒味道更香甜。

营养功效：玉米中含有较多的膳食纤维，可加速肠道蠕动，预防便秘。

产后第 7 天

新妈妈的恶露还在继续排出，顺产妈妈的侧切伤口已经基本愈合，剖宫产妈妈的伤口也已经拆线了，身体状态较前几天好了许多，胃口也有所恢复。

今日饮食要点

吃促进伤口恢复的食物

产后营养好可加速伤口的愈合，建议新妈妈适当多吃富含优质蛋白和维生素 C 的食物，以促进组织修复。

银鱼苋菜汤

原料： 银鱼干 100 克，苋菜 200 克，姜丝、盐各适量。

做法： ①银鱼干泡软洗净，沥干水分，备用；苋菜洗净，切成 5 厘米长的段，备用。②锅中倒入少许油烧热，放入姜丝爆香后，放入银鱼快速翻炒一下。③锅内加入清水，大火煮 5 分钟，加入苋菜段煮熟，出锅前放入盐调味即可。

营养功效： 宝宝缺钙、缺磷等会引起骨骼、牙齿发育不正常等病症。哺乳的妈妈多吃含磷、钙的银鱼，可让宝宝更健康。

蛤蜊豆腐汤

原料： 蛤蜊 200 克，豆腐 100 克，葱花、姜片、盐、香油各适量。

做法： ①在清水中滴入少许香油，将蛤蜊放入，让蛤蜊彻底吐净泥沙，冲洗干净，备用。②豆腐切成 1 厘米见方的小丁。③锅中放水、盐和姜片煮沸，把蛤蜊和豆腐丁一同放入。④转中火继续煮，待蛤蜊张开壳，豆腐熟透后即可关火，撒上葱花即可。

营养功效： 蛤蜊含有蛋白质、脂肪、铁、钙、磷、碘等营养成分，可以帮助新妈妈抗压助眠。

空气的温度、湿度，一个也不能忽视

不少新妈妈很关注房间的温度，害怕自己或宝宝受寒却忽略了空气湿度。新妈妈的房间温度最好保持在20~25℃。冬季应特别注意居室内的空气不能过于干燥，可在室内使用加湿器或放盆水，以提高空气湿度。

肉末蒸蛋

原料: 鸡蛋2个，猪肉50克，葱末、水淀粉、酱油、盐各适量。

做法: ①鸡蛋打入碗中，放入盐和适量清水搅匀，上笼蒸熟。②选用三成肥、七成瘦的猪肉剁成末儿。③锅中加油，烧热后放肉末翻炒，炒至肉末松散出油时，加入葱末、酱油，用水淀粉勾芡后，浇在蒸好的鸡蛋羹上，撒上葱末点缀即可。

营养功效：肉末蒸蛋有很好的滋补作用，其嫩软的口感也非常适合新妈妈。

糖醋莲藕

原料: 莲藕200克，葱末、白糖、醋、香油、盐各适量。

做法: ①莲藕去节，去皮，切成薄片，用水冲洗干净。②油锅烧热，放入葱末略煸，倒入藕片翻炒，放入盐、白糖、醋，继续翻炒。③藕片熟透后，淋入香油即可。

营养功效：莲藕养胃滋阴，有清热生津的功效。

新妈妈的身体变化

体重： 由于恶露排出、尿量增加、出汗多和母乳分泌等因素，新妈妈的体重还会有一定程度的下降。

恶露： 恶露明显减少，颜色由鲜红色变为浅红色，有血腥味，但不臭。

子宫： 子宫位置在继续下降，逐渐回到盆腔中，子宫颈内口会慢慢关闭。

伤口： 侧切和剖宫产术后的伤口在这一周内还会隐隐作痛，下床走动或移动身体时都有撕裂的感觉，但是痛感明显较前一周减轻。

产后第2周

本周产后恢复特别关注

不要急于催乳： 胃口好转，催乳汤不急喝。

口腔护理： 宜每天刷牙，新妈妈可用软毛牙刷或手指裹纱布刷牙。

私处护理： 重视子宫恢复，恶露变成浆性恶露，注意外阴部清洁。

适度运动： 产后运动应循序渐进，目前可进行舒缓的运动。

坚持母乳喂养： 别急着喂配方奶，多让宝宝吸吮乳房有助于促进泌乳。

预防月子病： 重视并积极预防产后贫血、关节疼痛等月子病。

产后第 2 周 饮食营养指导

本周开始，宝宝对乳汁的需求量逐渐增加，新妈妈要增加营养，多吃些补血、补钙的食物，如猪心、红枣、花生、枸杞子等。

新妈妈不要依赖补品，营养均衡的饮食对身体更有益。

不宜过多食用补品

产后第 2 周，家人通常都会给新妈妈大补特补，新妈妈可适量吃一些补品、药膳，此时切记不能过量。食用过多补品会导致新妈妈上火，引起内热，还会打乱身体的饮食平衡，引发一些疾病，影响新妈妈的产后恢复。因此，新妈妈在食用补品、药膳的时候一定不能过量。

补充优质蛋白

新妈妈回到家后，看护宝宝的工作量增加，体力消耗比前一周大，伤口开始愈合。饮食上应注意多补充优质蛋白质，仍需以鱼类、虾、蛋、豆制品为主，可增加些排骨、瘦肉等肉类。本周食谱应多注意口味方面的调节，防止新妈妈厌食。晚餐的粥类可做些咸鲜口味，如瘦肉粥、猪肝粥等。

制作肉粥时应多煮一会儿，以保证食材熟透。

每天摄入适量水分

水分是乳汁中最多的成分，新生宝宝要依靠新妈妈的乳汁来补充水分。哺乳妈妈饮水量不足时，就会使乳汁分泌量减少。由于产后新妈妈的基础代谢较快，出汗再加上乳汁分泌，需水量高于一般人，故应多喝水，每天要喝 8~10 杯水，每杯 200 毫升。

月子期间，新妈妈尽量喝温水，不要接触冷饮、冰水等。

以稀软饮食为宜

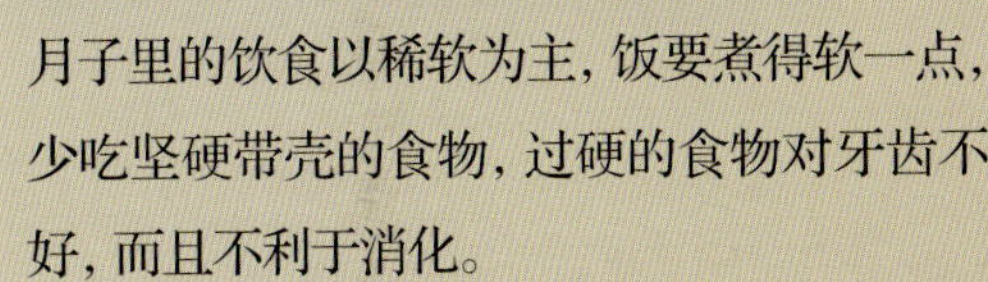

月子里的饮食以稀软为主，饭要煮得软一点，少吃坚硬带壳的食物，过硬的食物对牙齿不好，而且不利于消化。

粥等稀软食物不会伤害齿，也能为新妈妈补充分，促进泌乳。

可适量吃些山楂

老人们说产后不宜吃山楂。其实山楂可刺激子宫收缩，促进子宫内瘀血的排出，减轻腹痛。适量吃些山楂，能够增进食欲、帮助消化，有利于身体康复。

产后不要过量生吃山楂，以免刺激胃部引起不适。

月嫂私房话

新妈妈不要吃过多的巧克力：巧克力是一种以可可浆和可可脂为主要原料制成的甜食，所含有的可可碱成分在医学上具有利尿、兴奋心肌、舒张血管等作用。它会随着哺乳进入宝宝的体内，损害宝宝的神经系统和心脏，导致宝宝睡眠不好、哭闹不停等。

有些巧克力会使血糖升高：巧克力是一种高热量食物，但其中蛋白质含量偏低，脂肪、糖类含量偏高，不含膳食纤维，会影响胃肠道的消化吸收功能，食用过多不利于宝宝生长发育。

一周私房月子餐

餐饮周计划

序号	早餐	午餐	晚餐	加餐
星期一	阿胶核桃仁红枣粥、水煮鸡蛋	杂粮饭、羊肉汤、虾皮烧豆腐、白灼芥蓝	饺子、山药排骨汤、糖醋白菜	牛奶、坚果、时令水果
星期二	豌豆小米粥、水晶饺	南瓜饭、木瓜煲牛肉、虾仁豆腐、香菇炒油菜	蔬菜饼、乌鸡红枣汤、山药彩椒炒肉片	黑芝麻米糊、椰味红薯粥
星期三	黄豆猪蹄汤、包子	二米饭、鸭血豆腐汤、糖醋莲藕、彩椒炒猪腰	米饭、芋头排骨汤、菠菜核桃仁、清蒸鲈鱼	豆腐馅饼、菠菜鱼片汤
星期四	红豆黑米粥、南瓜发糕	杂粮饭、黄花菜鲫鱼汤、西芹炒百合、鸡蛋炒时蔬	米饭、冬瓜羊肉汤、莴笋炒肉片、白灼生菜	玉米香菇虾肉饺
星期五	花生核桃粥、白菜肉包	胡萝卜菠菜鸡蛋饭、豆腐鲤鱼汤、三丝炒木耳	米饭、莲藕海带排骨汤、鸡丁炒豌豆、清炒油麦菜	牛奶燕麦粥
星期六	肉丸粥、四色什锦菜	牛奶馒头、芹菜胡萝卜炒香菇、菜心炒牛肉、豆腐白菜汤	爆鳝鱼面、莲藕板栗排骨汤	鸡蓉玉米羹
星期日	南瓜小米粥、鸡蛋、坚果仁拌菠菜	什锦果汁饭、红豆花生乳鸽汤、羊肝炒荠菜	牛肉饼、口蘑腰片、丝瓜鸡蛋汤	银耳雪梨羹

产后第 8 天

阿胶核桃仁红枣粥

原料：大米 100 克，阿胶、核桃仁各 10 克，红枣 4 颗，黄酒 10 毫升。

做法：①核桃仁掰小块；红枣洗净、去核。②大米加水煮 20 分钟后加核桃仁、红枣，用小火慢煮 20 分钟。③阿胶放入瓷碗中，加入 10 毫升黄酒蒸化。④将阿胶放入粥内，同煮 5 分钟即可。

营养功效：阿胶补血，可减轻因出血过多引起的乏力、头晕、心慌等症状。

羊肉汤

原料： 羊肉 100 克，胡萝卜 50 克，姜片、盐、葱各适量。

做法： ①将羊肉洗净，切块；胡萝卜洗净，切花朵小片；葱切葱花。②将胡萝卜片、羊肉块、姜片放入锅内并加入适量清水大火烧开，撇去浮沫。③改用小火炖 1 小时左右，等到肉熟烂，加入盐和葱花调味即可。

营养功效： 羊肉能暖中补血，对于新妈妈恢复体力有很好的效果。

虾皮烧豆腐

原料： 豆腐 150 克，虾皮 20 克，酱油、盐、白糖、葱花、姜末、水淀粉各适量。

做法： ①豆腐切块，焯水；虾皮洗净。②热锅起油，放入虾皮和姜末爆香，加入适量水，放入酱油、白糖、盐煮沸。③倒入豆腐煮开。④最后用水淀粉勾芡，撒上葱花即可。

营养功效： 虾皮中钙的含量很丰富，有“钙库”之称，是新妈妈补钙的不错选择。

糖醋白菜

原料： 白菜 200 克，胡萝卜 100 克，淀粉、白糖、醋、酱油各适量。

做法： ①将白菜、胡萝卜洗净，斜刀切片。②将淀粉、白糖、醋、酱油拌匀，制成糖醋汁，备用。③油锅烧热，放入胡萝卜片煸炒，然后放入白菜片，炒至熟烂。④倒入糖醋汁，翻炒几下即可。

营养功效： 此菜含丰富的膳食纤维，能促进肠道蠕动，帮助消化。

产后第 9 天

新妈妈要注意子宫的恢复情况，此时宜吃些高蛋白和补虚的食物，如蛋类、大豆、鸡肉等。

今日饮食要点

不宜只喝汤不吃肉

多喝些鸡汤、鱼汤等可促进乳汁分泌，但不宜只喝汤不吃肉。

黑芝麻米糊

原料：大米 20 克，莲子 10 克，黑芝麻 15 克。

做法：①将大米洗净，浸泡 3 小时；莲子、黑芝麻均洗净。②少量黑芝麻炒熟；将大米、莲子、其余黑芝麻放入料理机中，加水至上下水位线之间，按“米糊”键，加工好后倒出，撒上炒熟的黑芝麻即可。

制作时，莲子要去心，以免米糊味道偏苦。

营养功效：黑芝麻能健胃补血，还有助于补钙，滋养秀发。

木瓜煲牛肉

原料：木瓜 150 克，牛肉 100 克，盐适量。

做法：①将木瓜洗净，去皮、去子，切成块。②牛肉洗净，切块，汆烫后除去浮沫，捞出。③将木瓜块、牛肉块放入锅内加水用大火煮沸，再用小火炖至牛肉烂熟后，加盐调味即可。

营养功效：此汤有舒经活络、和胃化湿的功效，还有助于新妈妈补虚、通乳。

防治乳头皲裂的措施

新妈妈每次喂奶最好不超过 20 分钟，还要采取正确的哺乳方式，让宝宝含住乳头和大部分乳晕。如果新妈妈有乳头干裂现象，可以每天使用熟的食用油涂抹伤口处，促进伤口愈合。喂奶前新妈妈可以先挤一点奶出来，这样乳头就会变软，有利于宝宝吮吸。如果乳头破裂较为严重，应停止喂奶 24~48 小时；或使用乳头保护罩，避免宝宝直接接触乳头，也可使用吸奶器将乳汁直接挤到消过毒的干净奶瓶里来喂宝宝。

豌豆小米粥

原料： 豌豆 30 克，小米 50 克，红糖适量。

做法： ①将豌豆、小米用清水洗净，备用。②锅中放入清水，放入小米，煮沸。③改用小火，煮沸 20 分钟，放入豌豆。④熬至豌豆、小米熟烂浓稠，加入红糖调味即可。

营养功效：豌豆含大量优质蛋白，能提高新妈妈的机体抗病能力和康复能力。

椰味红薯粥

原料： 椰汁 150 毫升，红薯 100 克，花生仁、大米各 50 克，白糖适量。

做法： ①大米淘洗干净；红薯洗净，去皮，切块。②花生仁泡透，和大米一起放入锅内，加适量水煮烂，然后放入红薯块一同煮烂。③将椰汁倒入红薯粥里，加白糖搅拌均匀即可。

营养功效：红薯富含多种维生素和膳食纤维，有助于新妈妈排毒美容。

产后第 10 天

此时恶露有所减少，新妈妈要补充自己与宝宝所需的营养。合理饮食能预防贫血，促进新妈妈的机体恢复，增强新妈妈的抗病能力。

今日饮食要点

适当吃些补血食材

有部分新妈妈容易出现产后贫血的状况，可适当吃些补血食材，如鸭血、猪血等。

黄豆猪蹄汤

原料：黄豆 100 克，猪蹄 1 只，葱段、姜片、盐、料酒各适量。

做法：①黄豆洗净，用水泡 1 小时。②猪蹄烧毛，汆水后刮洗干净，剁成段。③砂锅中加入水、猪蹄段、黄豆、葱段、姜片，大火煮沸后转小火炖至猪蹄熟烂，拣去姜片、葱段，加盐调味即可。

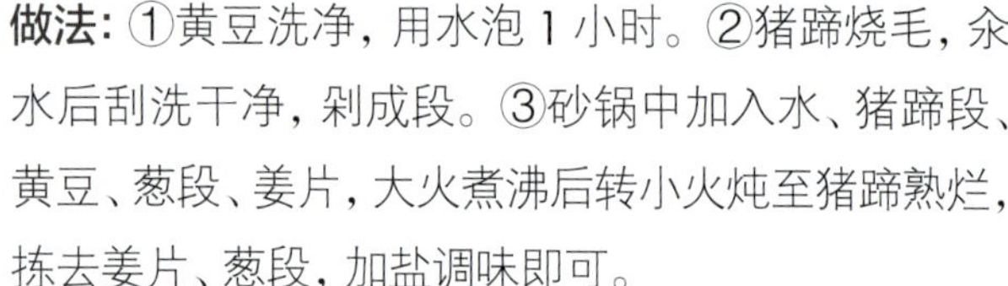

营养功效：此汤有催乳养颜、生津润燥的功效。

鸭血豆腐汤

原料：鸭血 50 克，豆腐 100 克，姜片、香菜末、高汤、水淀粉、醋、盐各适量。

做法：①鸭血、豆腐在淡盐水中泡一下，切条，和姜片一起放入煮开的高汤中炖熟。②加醋、盐调味，搅拌均匀。③用水淀粉勾薄芡，撒上香菜末即可。

营养功效：此汤含铁量较高，且易被人体吸收利用，有助于防治缺铁性贫血。

哺乳可能加重腹痛感

在哺喂宝宝母乳的时候，因宝宝的吸吮会使新妈妈体内释放一种激素，从而刺激子宫收缩而加重腹痛感，但是加强子宫收缩能更好地促进恢复，因此，不要因为怕痛而轻易放弃哺乳。另外，子宫过度膨胀，如羊水过多、多胞胎等也会加重产后腹痛。产后大约一周，这种疼痛会自然消失。如果腹痛时间过长，则要考虑患腹膜炎的可能，需及时去医院做检查。

豆腐馅饼

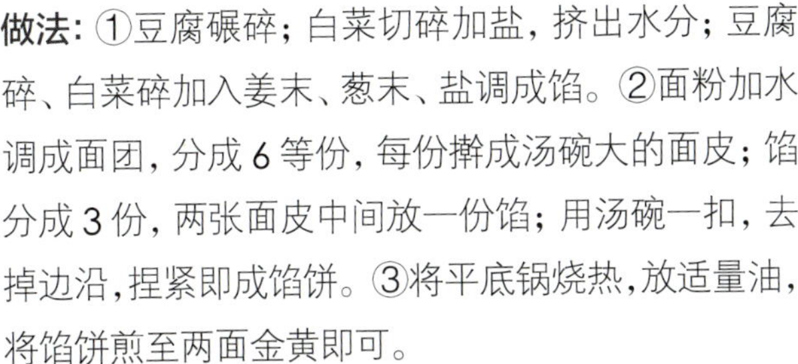

原料：豆腐 100 克，面粉 1 碗，白菜半棵，姜末、葱末、盐各适量。

做法：①豆腐碾碎；白菜切碎加盐，挤出水分；豆腐碎、白菜碎加入姜末、葱末、盐调成馅。②面粉加水调成面团，分成 6 等份，每份擀成汤碗大的面皮；馅分成 3 份，两张面皮中间放一份馅；用汤碗一扣，去掉边沿，捏紧即成馅饼。③将平底锅烧热，放适量油，将馅饼煎至两面金黄即可。

营养功效：豆腐含有丰富的植物蛋白和钙，容易消化，换种吃法做成馅饼，能逐渐唤起新妈妈的食欲。

芋头排骨汤

原料：排骨 150 克，芋头 100 克，葱段、姜片、盐各适量。

做法：①芋头去皮洗净，切成 2 厘米厚的块。②排骨洗净，切成 4 厘米长的段，冷水下锅氽烫去血沫后捞出备用。③先将排骨、姜片、葱段放入锅中，加清水，用大火煮沸。④转小火慢煮 45 分钟，再加入芋头同煮至熟，加盐调味即可，也可加葱花点缀。

营养功效：这道汤美味可口，同时可为新妈妈提供多种营养。

产后第 11 天

新妈妈要防止上火，在日常的饮食中会注意多喝水、补充膳食纤维，但可能对于调味料并不在意，其实，过多调味料也会导致新妈妈上火。

今日饮食要点

不宜吃辛辣的食物

新妈妈最好不吃辛辣食物，如大蒜、辣椒等。

玉米香菇虾肉饺

原料： 饺子皮适量，猪肉 150 克，干香菇 3 朵，虾、玉米粒各 30 克，姜末、葱末、香油、盐适量。

做法： ①干香菇泡发后切丁；虾去头、去壳取肉，切丁。②猪肉剁碎，放入香菇丁、虾肉丁和玉米粒，搅拌均匀；再加入盐、姜末、葱末、香油、泡香菇的水制成肉馅。③饺子皮包上肉馅，包好全部饺子，下锅煮熟，点缀葱末即可。

营养功效：虾肉软烂，易消化吸收，可提升食欲，并利于新妈妈补钙。

冬瓜羊肉汤

原料： 冬瓜 200 克，羊肉 100 克，葱花、香油、盐、葱段、姜片各适量。

做法： ①将羊肉切成块，冷水下锅汆出血水捞出备用。②冬瓜去皮、去瓤后洗净切块。③在锅中加清水，烧开后放入羊肉块、葱段、姜片，炖至八成熟时，放入冬瓜块，炖至烂熟时，拣去姜片、葱段，加盐调味，撒上葱花，淋上香油即可。

营养功效：冬瓜清热利尿，羊肉暖胃，煮汤可补气血，缓解疲劳。

积极预防乳腺炎

产后，有部分新妈妈会得乳腺炎。乳腺炎发病时主要表现为乳腺红肿、疼痛，严重者会化脓，并形成脓肿，还常伴有发热、全身不适等症状；乳腺发炎还会影响宝宝吃奶。因此，新妈妈应积极预防乳腺炎。

在哺乳时要保持乳头清洁，避免损伤，减少感染途径。不要让剩下的乳汁淤积在乳房中，每次喂奶最好将乳汁吸空。

黄花菜鲫鱼汤

原料：鲫鱼 1 条，干黄花菜 15 克，盐、姜片和香菜叶各适量。

做法：①将鲫鱼处理好，洗净，用盐稍微腌制片刻。②干黄花菜洗净后用温水泡开，去头尾备用。③鲫鱼放入油锅中煎至两面金黄，倒入适量开水，放入姜片、黄花菜，用大火煮 5 分钟。④转小火炖至黄花菜熟透，放香菜叶点缀即可。

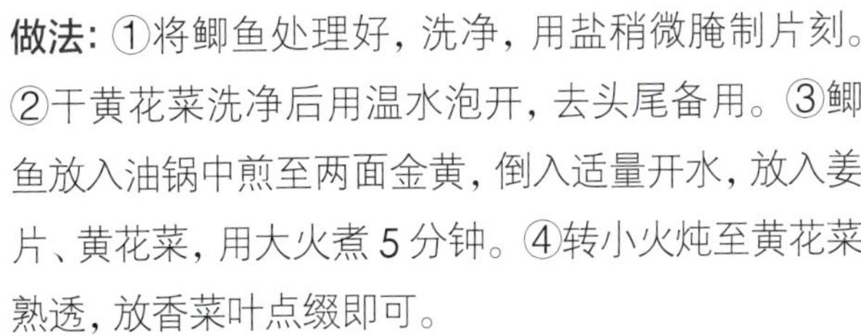

营养功效：此汤有养血益气、补虚通乳的作用，能促进哺乳妈妈乳汁分泌。

红豆黑米粥

原料：红豆 50 克，黑米 50 克，大米 20 克。

做法：①红豆、黑米、大米分别洗净，用清水泡 2 小时。②将浸泡好的红豆、黑米、大米放入锅中，加入足量水，用大火煮开。③转小火再煮至红豆开花，黑米、大米熟透即可。

营养功效：黑米滋阴养肾，补胃暖肝，具有缓解产后妈妈头晕目眩、贫血、腰酸等功效。

产后第 12 天

新妈妈从孕晚期开始，就已经有大量的钙流失。哺乳期，为了保证宝宝的骨骼发育，要通过乳汁向宝宝供给足够的钙，因此新妈妈应注意补钙。

今日饮食要点

多吃含钙高的食物

含钙高的食物有牛奶、虾皮、黑芝麻、动物内脏等，这类食物新妈妈可适当多吃一些。

胡萝卜菠菜鸡蛋饭

原料： 熟米饭 1 碗，鸡蛋 1 个，胡萝卜半根，菠菜、葱末、盐各适量。

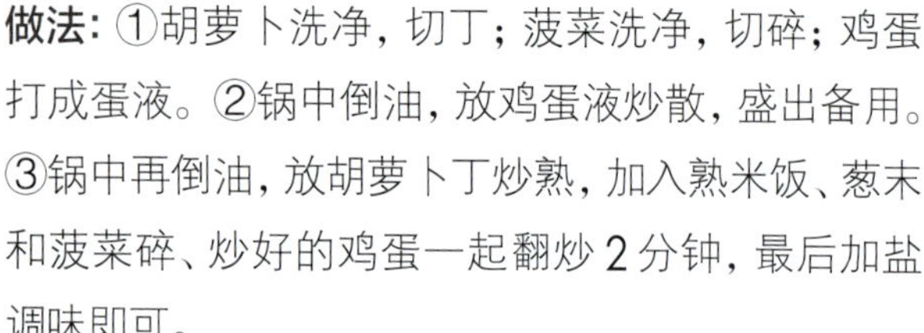

做法： ①胡萝卜洗净，切丁；菠菜洗净，切碎；鸡蛋打成蛋液。②锅中倒油，放鸡蛋液炒散，盛出备用。③锅中再倒油，放胡萝卜丁炒熟，加入熟米饭、葱末和菠菜碎、炒好的鸡蛋一起翻炒 2 分钟，最后加盐调味即可。

营养功效：此饭富含蛋白质、胡萝卜素、铁、钙等，有利于新妈妈身体的恢复和乳汁质量的提高。

三丝木耳

原料： 猪瘦肉丝 100 克，木耳丝、彩椒丝、鸡肉丝各 20 克，姜丝、蛋清、盐、水淀粉、香油各适量。

做法： ①猪瘦肉丝和鸡肉丝加盐、水淀粉和蛋清拌匀。②爆香姜丝，放入猪瘦肉丝和鸡肉丝翻炒。③炒至肉丝变色时，放入木耳丝、彩椒丝炒匀，加盐调味。④最后用水淀粉勾芡，淋上香油即可。

营养功效：此菜有补虚增乳作用，猪肉和鸡肉都是高蛋白食物，营养价值很高。

月嫂私房话

注意腰部保暖

新妈妈平时应注意腰部保暖，特别是天气变凉时要及时添加衣服，避免受冷风侵袭，因为受凉会加重腰部疼痛。可以用旧衣物制作一个简单的护腰，最好以棉絮填充，并且在腰带部位缝几排纽扣，以方便调节松紧。护腰不要系得太松也不要系得太紧，太松会显得臃肿、碍事，也不能起到很好的防护和保暖作用；太紧会影响腰部血液循环。

豆腐鲤鱼汤

原料： 鲤鱼1条，豆腐50克，葱花、盐、香油、姜片各适量。

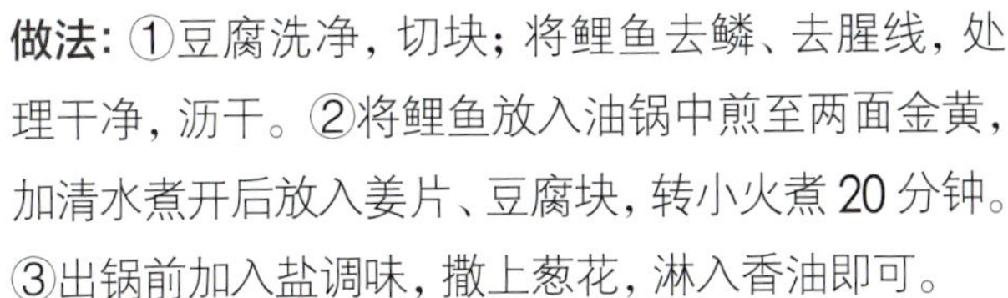

做法： ①豆腐洗净，切块；将鲤鱼去鳞、去腥线，处理干净，沥干。②将鲤鱼放入油锅中煎至两面金黄，加清水煮开后放入姜片、豆腐块，转小火煮20分钟。③出锅前加入盐调味，撒上葱花，淋入香油即可。

营养功效：鲤鱼中不仅含的脂肪极少，而且营养丰富，此汤滋补又养颜，还能令新妈妈心情愉悦。

鸡丁炒豌豆

原料： 鸡胸肉80克，豌豆50克，胡萝卜半根，葱段、姜片、香油、淀粉、盐各适量。

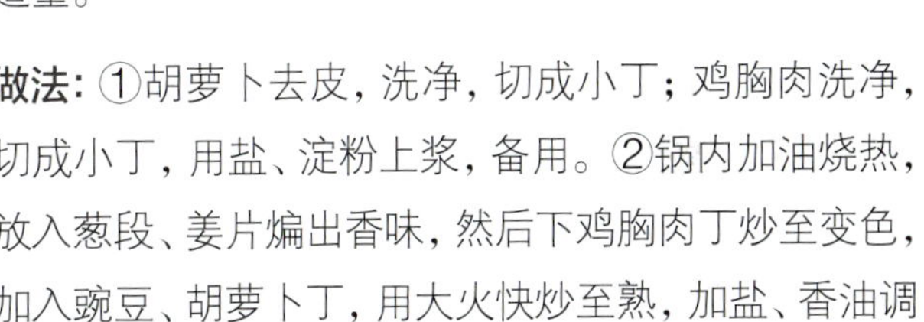

做法： ①胡萝卜去皮，洗净，切成小丁；鸡胸肉洗净，切成小丁，用盐、淀粉上浆，备用。②锅内加油烧热，放入葱段、姜片煸出香味，然后下鸡胸肉丁炒至变色，加入豌豆、胡萝卜丁，用大火快炒至熟，加盐、香油调味即可。

营养功效：豌豆不仅有催乳、滋养皮肤的功效，而且适量食用对心血管十分有益；鸡胸肉含有丰富的蛋白质，适合产后滋补身体。

产后第 13 天

随着宝宝食量的增加，新妈妈如果觉得奶水分泌不是很理想，可适量增加催乳的食物，如猪蹄、鲫鱼等。

今日饮食要点

可适当多吃高蛋白食物

高蛋白的食物一般都可以提高乳汁质量，如鸡胸肉、豆腐等。

肉丸粥

原料：五花肉 50 克，大米 30 克，鸡蛋 1 个(取蛋清)，姜末、葱花、盐、黄酒、淀粉各适量。

做法：①将大米洗净备用。②五花肉洗净，剁成肉泥，加葱花、姜末、盐、黄酒、蛋清和淀粉，同一方向拌均匀。③锅内放大米和适量清水，大火煮沸。④熬至粥将熟时，将肉泥挤成丸子状，放入粥内，熬至肉熟，撒上葱花即可。

营养功效：此粥健脾开胃，补虚养身，还可以改善新妈妈皮肤干燥的问题。

芹菜胡萝卜炒香菇

原料：芹菜 150 克，新鲜香菇 3 朵，胡萝卜半根，姜片、盐、香油、水淀粉各适量。

做法：①芹菜择洗干净，切段；香菇去蒂，洗净，切块；胡萝卜洗净，切片，装盘备用。②油锅烧热，爆香姜片，加入香菇块炒香，放入胡萝卜片和芹菜段，用大火快速翻炒片刻，待胡萝卜熟软，加盐调味，水淀粉勾芡。③出锅前淋入香油，搅拌均匀即可。

营养功效：香菇可以帮助新妈妈补充身体所需营养。

月嫂私房话

感冒不严重时可以喂奶

哺乳妈妈患轻微感冒时，可以继续给宝宝喂奶。不过新妈妈在喂奶时要戴好口罩，不要朝宝宝打喷嚏，同时不要服用对宝宝有影响的药物，在服药之前最好向医生咨询。如果发热，应暂时停止喂奶，待体温恢复正常后再喂。

牛奶馒头

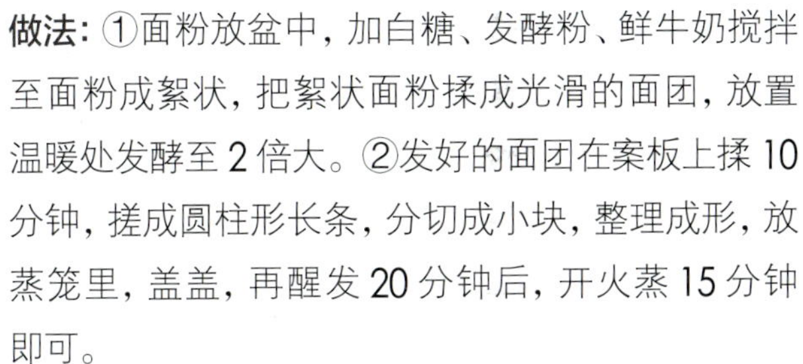

原料：面粉 250 克，鲜牛奶 125 毫升，白糖 20 克，发酵粉 4 克。

做法：①面粉放盆中，加白糖、发酵粉、鲜牛奶搅拌至面粉成絮状，把絮状面粉揉成光滑的面团，放置温暖处发酵至 2 倍大。②发好的面团在案板上揉 10 分钟，搓成圆柱形长条，分切成小块，整理成形，放蒸笼里，盖盖，再醒发 20 分钟后，开火蒸 15 分钟即可。

营养功效：不喜欢喝牛奶的新妈妈可尝试通过牛奶馒头来补钙，增加乳汁中钙的含量，也有助于新妈妈恢复体力。

爆鳝鱼面

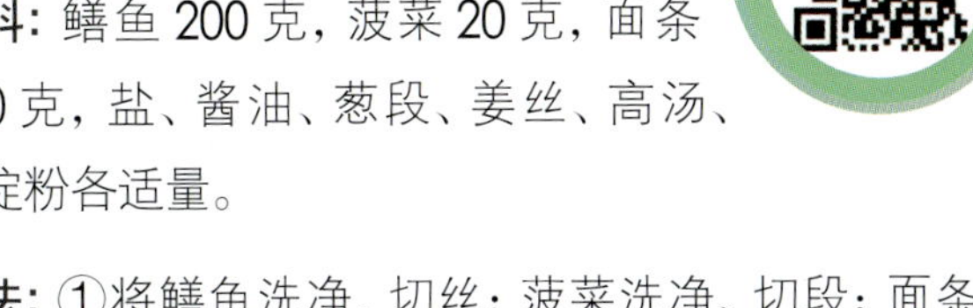

原料：鳝鱼 200 克，菠菜 20 克，面条 100 克，盐、酱油、葱段、姜丝、高汤、水淀粉各适量。

做法：①将鳝鱼洗净，切丝；菠菜洗净、切段；面条、菠菜段煮熟，盛入碗中。②油锅中放入姜丝、葱段、鳝鱼丝翻炒片刻。③加高汤、酱油、盐，煮沸入味后用水淀粉勾芡，浇在面条上即可。

营养功效：鳝鱼中含有丰富的 DHA 和卵磷脂，可帮助哺乳妈妈改善记忆力。

产后第 14 天

产后想要恢复元气需要长时间调养，新妈妈进补不能掉以轻心，每天宜按时定量进餐，补充全面的营养，满足宝宝的需求。

今日饮食要点

避开易过敏食物

产前就容易过敏的新妈妈，产后不要吃以前没吃过的东西。

红豆花生乳鸽汤

原料：红豆、花生仁、桂圆肉各 30 克，乳鸽 1 只，姜片、盐适量。

做法：①红豆、花生仁、桂圆肉洗净，浸泡。②乳鸽洗净，斩块，在沸水中烫一下，去除血水。③在砂锅中放入适量清水，烧沸后放入乳鸽肉、红豆、花生仁、桂圆肉、姜片，用大火煮沸后，改用小火煲，等熟透后加盐调味即可。

营养功效：此汤营养丰富，不仅可以帮助哺乳妈妈分泌乳汁，还能促进新妈妈的伤口愈合，并预防贫血。

什锦果汁饭

原料：大米 1 碗，鲜牛奶 200 毫升，苹果丁、菠萝丁、蜜枣丁、葡萄干、青梅丁、碎核桃仁、白糖、番茄沙司、水淀粉适量。

做法：①将大米淘洗干净，加鲜牛奶、水焖成饭。②将番茄沙司、苹果丁、菠萝丁、蜜枣丁、葡萄干、青梅丁、碎核桃仁放锅内，加水和白糖煮沸，加水淀粉勾芡，制成什锦沙司，浇在米饭上。

营养功效：此饭有利于提升乳汁质量，对宝宝生长发育十分有利。同时，软糯的奶香果汁饭对新妈妈调理胃肠大有裨益。

选择最舒服的姿势哺乳

舒服的姿势会让哺乳变得轻松，让哺乳不再辛苦，而且，舒服的姿势也能让宝宝更好地衔住乳头方便吃奶。如果新妈妈是坐在床上或沙发上哺乳，可以用枕头垫在腿上；如果是坐在椅子上，可以踩一只脚凳。宝宝也要躺舒服了，他的身体对着新妈妈的身体，头枕在新妈妈的前臂或肘窝里。新妈妈的胳膊托住他的背，手托住他的屁股和腿，让他的脸正好对着新妈妈的乳房。

口蘑腰片

原料：猪腰1个，茭白50克，彩椒适量，口蘑30克，葱段、姜片、黄酒、盐、淀粉、香油、水淀粉各适量。

做法：①将猪腰撕去外皮膜，切开，去掉腰臊，切花刀，洗净。②猪腰片沥干水分后加黄酒、盐、淀粉拌匀；茭白、口蘑洗净，切片；彩椒洗净，切丝。③爆香姜片、葱段，放入猪腰片翻炒，再放入茭白、口蘑、彩椒丝，加黄酒、盐。④倒入水淀粉炒匀，淋上香油即可。

营养功效：猪腰具有补肾强身的作用，含铁量较高，有利于产后补血。

羊肝炒荠菜

原料：羊肝100克，荠菜50克，火腿20克，姜片、盐、水淀粉各适量。

做法：①羊肝洗净、切片；荠菜洗净、切段；火腿切片。②锅内加水，待水烧开，放入羊肝片，快速氽烫后捞出。③另起油锅，放入姜片、火腿片炒香，加入荠菜段、羊肝片，加盐炒至入味，然后用水淀粉勾芡即可。

营养功效：荠菜有开胃、健脾、消食的功效，而且还含有丰富的铁，具有很好的补血功效，很适合新妈妈食用。

新妈妈的身体变化

恶露：产后第3周是白色恶露期。恶露呈白色或黄色，比较黏稠，类似白带，但比白带量大，白色恶露持续一两周。新妈妈仍要注意会阴部的清洗和保护。

子宫：子宫收缩基本完成，子宫完全进入盆腔中，在外面已经无法用手摸到。

乳房：乳房变得比较饱满，肿胀感在减退，乳汁渐渐浓稠。偶尔发生漏乳时，要及时更换乳垫，保持清洁。

伤口：新妈妈伤口慢慢愈合，会阴侧切的伤口已没有明显的疼痛感，但大部分剖宫产妈妈的伤口内部仍会出现时有时无的疼痛，只要不持续疼痛，没有分泌物从伤口处溢出，一般再过2周就可以恢复正常了。

产后第3周

本周产后恢复特别关注

不增加胃肠负担： 新妈妈的胃肠功能在恢复当中，不要过度食用油腻的食品，如肥肉、蛋糕等，否则易增加胃肠负担，影响恢复。

注意保暖： 天气变冷时要及时换厚衣物、穿袜子，避免受冷风吹。同时也不能直接对着空调和电风扇吹。

做简单家务： 新妈妈的身体初步恢复，可做一些简单的家务，比如扫地、擦桌子、收叠衣服等。

节制性生活： 坐月子期间严禁性生活，以免增加感染的机会，防止引起阴道炎、子宫内膜炎、输卵管炎等疾病。

保护眼睛： 不长时间使用手机、电脑，特别是在光线比较暗的环境下，并且要经常闭目养神，让眼睛得到充分的休息。

产后第 3 周 饮食营养指导

产后第 3 周，宝宝的食量不断增大，新妈妈要均衡摄取碳水化合物、蛋白质、维生素等营养物质，提高乳汁质量，助力宝宝发育。奶水少的新妈妈要参考开奶方法和下奶食谱，保证给予宝宝足够的营养。

适当加强进补

通过前 2 周的饮食调养，身体复原较好的新妈妈，本周可以适当加强进补，促进乳汁分泌，但仍不要过多食用燥热补品，如鹿茸、阿胶，否则可能会引起乳腺炎、尿道炎、便秘或痔疮等。定时定量进餐，保持食物的多样化。

以催乳为主

宝宝的食量增大了，有些宝宝总是把新妈妈的乳房吃得瘪瘪的，催乳就成为新妈妈当前进补最主要的目的。哺乳期一般在两年内，所以适当地食用催乳汤，会给整个哺乳期提供保障。鲫鱼汤、猪蹄汤、排骨汤都是不错的催乳选择。

吃汤粥类水分充足的食物有助于增加泌乳量。

选取应季的食物

不论是哺乳妈妈，还是非哺乳妈妈，都应该根据产后所处的季节，相应选取进补的食物，少吃反季食物。比如，春季可以适当地吃些野菜，夏季可以多食用水果羹，秋季食山药等。根据季节和新妈妈自身情况进补，做到“吃得对、吃得好”。

注意补充体力

新妈妈的身体恢复不是一蹴而就的。通过前两周的饮食调养，新妈妈会明显感到有劲了，此时要注意补充体力，强健腰肾，避免以后腰背疼痛。本周可以适当进补，但仍不要过多食用燥热食物。

吃五谷补能量

很多人认为新妈妈要多吃肉、蛋、奶、蔬果，而忽视了主食。事实上，谷类是碳水化合物、膳食纤维、B 族维生素的主要来源，它们的营养价值是肉类所不能代替的。

粗粮和细粮搭配食用，口感更好，营养也更丰富。

月嫂私房话

新妈妈不宜服药后立即哺乳：产后新妈妈如果患了感冒，在服药时一定要注意调整喂奶时间，最好在哺乳后服药，并且尽量推迟下次给宝宝喂奶的时间，至少间隔 4 小时，这样能够使奶水中药物的浓度降到最低。

感冒时可多喝些鸡汤：喝鸡汤可以补充水分和身体所需营养，有助于尽快恢复健康。

一周私房月子餐

餐饮周计划

序号	早餐	午餐	晚餐	加餐
星期一	西红柿面疙瘩、炒空心菜	杂粮饭、黄豆海带猪蹄汤、肉末炒菠菜、丝瓜虾仁	白萝卜蛏子汤、鸡蛋蔬菜饼、莴笋炒木耳	红枣银耳粥
星期二	三明治、牛奶	米饭、香菇豆腐塔、清蒸鲈鱼、黄芪鸡爪汤	蔬菜饼、黑豆煲瘦肉汤、核桃仁爆鸡丁、白灼芥蓝	圆白菜牛奶羹
星期三	小米粥、水煮蛋、炒青菜	米饭、南瓜虾皮汤、虾酱蒸鸡翅、清炒小白菜	牛奶馒头、菠菜鱼片汤、板栗烧牛肉	八宝粥
星期四	鳝丝打卤面	米饭、奶汁百合鲫鱼汤、土豆焖鸡、麻油菠菜	牛肉饼、木瓜排骨汤、香菇烩白菜	牛奶、小蛋糕
星期五	羊骨小米粥、奶香小馒头	米饭、海带豆腐骨头汤、豌豆炒鱼丁、清炒茼蒿	蛤蜊白菜汤、鸡蛋家常饼、双色菜花	紫薯山药球、芹菜莴笋豆浆
星期六	雪菜肉丝汤面	杂粮饭、乌鸡白凤汤、莴笋炒肉片、清炒红薯苗	米饭、赤豆龙骨汤、银鱼蒸蛋羹、西蓝花彩蔬小炒	香菇荞麦粥
星期日	黑芝麻花生粥、牛奶馒头	二米饭、胡萝卜牛蒡排骨汤、虾酱蒸鸡翅、麻油炒空心菜	炒饼、西红柿鸡蛋汤、猪肝拌菠菜	牛奶、小面包

产后第 15 天

西红柿面疙瘩

原料：面粉 100 克，西红柿 1 个，鸡蛋 1 个，盐适量。

做法：①面粉中边加水边用筷子搅成絮状，静置 10 分钟；鸡蛋打散；西红柿洗净，切块。②锅中放油，倒入鸡蛋液炒散，加适量水，煮开，至汤发白时倒入西红柿块。③再将面絮慢慢倒入西红柿鸡蛋汤中，煮 3 分钟后放盐，也可加葱花点缀。

营养功效：西红柿含维生素 C，鸡蛋中蛋白质含量丰富。两者搭配清淡可口，既滋补，又解油腻、养胃肠。

肉末炒菠菜

原料： 猪瘦肉 50 克，菠菜 200 克，姜末、盐、水淀粉各适量。

做法： ①将猪瘦肉剁成末；菠菜洗净，切段。②锅内倒适量的水烧开，放菠菜段焯烫至八成熟，捞起沥干水，备用。③另起油锅，放入姜末小火翻炒，再放入猪肉末炒熟，加入菠菜段，放盐调味。④用水淀粉勾芡即可。

营养功效： 菠菜含丰富的胡萝卜素，可缓解视疲劳，猪肉有助于新妈妈补肾养血，滋阴润燥。

红枣银耳粥

原料： 干银耳 15 克，红枣 4 颗，大米 30 克，冰糖适量。

做法： ①干银耳用温水泡发；大米和红枣一起洗净，红枣去核，备用。②在锅中放入清水，将大米放入煮制成粥，然后放入红枣和银耳，大火煮沸。③改用小火，加入适量冰糖，煮开即可。

营养功效： 银耳含有蛋白质、碳水化合物、膳食纤维等物质，其含有的多糖可以增强产后妈妈的免疫功能，提高身体的抵抗力。

白萝卜蛏子汤

原料： 白萝卜 50 克，蛏子 100 克，葱段、姜片、盐各适量。

做法： ①将蛏子洗净，放入水中泡 2 小时。②蛏子入沸水中略烫一下，捞出剥去外壳。③把白萝卜削去外皮，切成细丝。④锅内放油烧热，放入葱段、姜片炒香，倒入清水。⑤将剥好的蛏子肉、萝卜丝一同放入锅内炖，煮熟后，放入盐调味，也可加些葱花点缀。

营养功效： 这道汤可以有效增强新妈妈的食欲，也是帮助新妈妈补钙的好食物。

产后第 16 天

哺乳妈妈要比非哺乳妈妈产后恢复快。有人认为母乳喂养容易使乳房下垂，实则不然，只要新妈妈经常按摩，并佩戴文胸支撑，可以防止乳房变形。

今日饮食要点

遵循营养均衡的原则

哺乳妈妈不要挑食，要粗细兼顾、荤素搭配，这样有利于提升乳汁质量。

香菇豆腐塔

原料： 豆腐 300 克，香菇 3 朵，姜末、西蓝花、胡萝卜、香菜、酱油、香油、水淀粉各适量。

做法： ①豆腐切方块，中心挖空；香菇、胡萝卜、香菜洗净剁碎，用盐及水淀粉拌匀做成馅料。②将馅料放入豆腐中心，摆在碟上蒸熟，西蓝花焯水摆在碟中间。③油锅内放入姜末炒香，加适量清水、生抽、香油，水淀粉勾芡后淋上即可。

营养功效：豆腐富含蛋白质，香菇富含多糖以及氨基酸，同食可增强抵抗力。

黑豆煲瘦肉

原料： 黑豆 30 克，猪瘦肉 100 克，盐、姜片各适量。

做法： ①黑豆洗净，泡发。②猪瘦肉洗净切成厚块，冷水下锅汆去血水，撇去浮沫。③在锅中放入适量清水，放入猪瘦肉块和黑豆、姜片，煲熟后，放入盐调味即可。

营养功效：黑豆能补钙、补肾，瘦肉是维生素 B_1、维生素 B_2、维生素 B_{12} 的良好来源。

月嫂私房话

高跟鞋还不能穿

产后要避免过早穿高跟鞋。过早穿高跟鞋会使身体重心前移，容易使腰部产生疼痛。职场妈妈每天穿高跟鞋不要超过 2 小时，产后一年内不建议每天穿高跟鞋。新妈妈首选平底鞋，也可以穿矮跟鞋、坡跟鞋。如果鞋跟高度超过 4 厘米，会大大增加踝关节扭伤的概率。

核桃仁爆鸡丁

原料：鸡肉 100 克，核桃仁 30 克，松子仁、枸杞子各 10 克，鸡蛋 1 个（取蛋清），姜末、盐、水淀粉、鸡汤各适量。

做法：①鸡肉洗净，切丁，加盐、鸡蛋清、水淀粉拌匀。②锅中放油烧热，将鸡肉丁炒一下，沥油。③核桃仁、松子仁分别炒熟。④将姜末、盐、水淀粉、鸡汤倒入锅内调成汁，倒入鸡肉丁、核桃仁、松子仁、枸杞子翻炒均匀即可。

营养功效：核桃仁可安神助眠，是失眠的新妈妈的常备坚果。

清蒸鲈鱼

原料：鲈鱼 1 条，姜片、葱段、葱丝、蒸鱼豉油各适量。

做法：①姜片一半切丝，将鲈鱼收拾干净，鱼背上划几刀；取一蒸盘，先放适量葱段，再放鲈鱼和姜片。②大火烧开蒸锅中的水，放入蒸盘，大火蒸 8~10 分钟，鱼熟后拣出姜片、葱段。③将姜丝、葱丝放在鱼上，加入蒸鱼豉油，淋入热油即可。

营养功效：鲈鱼富含蛋白质和多种矿物质，不仅有很好的补益作用，而且催乳效果也不错。

产后第 17 天

哺乳妈妈在进行补血、催乳的同时，还需保证营养全面，不要忘了多吃含维生素的蔬果。蔬菜、水果中富含多种维生素、矿物质和膳食纤维，有利于促进新妈妈产后恢复。

今日饮食要点

不宜喝过咸的汤

适量喝汤有助于补充水分，促进泌乳，但不宜喝过咸的汤，否则会导致高渗性缺水。

板栗烧牛肉

原料： 牛肉 150 克，板栗 8 颗，姜片、葱段、葱花、盐各适量。

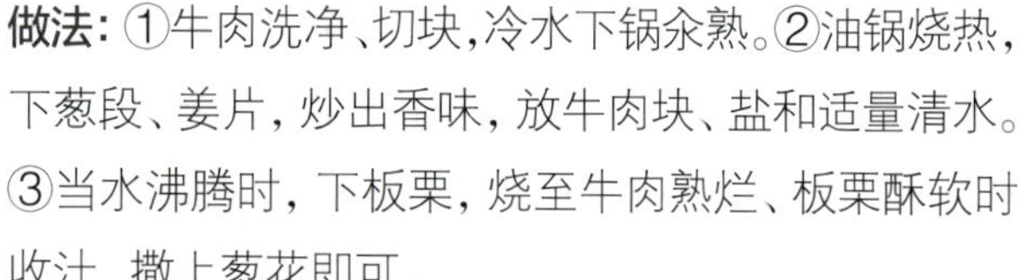

做法： ①牛肉洗净、切块，冷水下锅氽熟。②油锅烧热，下葱段、姜片，炒出香味，放牛肉块、盐和适量清水。③当水沸腾时，下板栗，烧至牛肉熟烂、板栗酥软时收汁，撒上葱花即可。

营养功效：板栗和牛肉一起炖着吃，非常适合新妈妈补气补血，有强身健体之用。

南瓜虾皮汤

原料： 南瓜 200 克，虾皮 20 克，葱花、盐各适量。

做法： ①南瓜去皮、去瓤，切成块，备用。②锅内加少许油烧热，放入南瓜块，快速翻炒片刻。③加清水大火煮开，转小火将南瓜煮熟。④加盐调味，再放入虾皮、葱花略煮即可。

营养功效：南瓜不仅可以补充体力，而且其中丰富的类胡萝卜素和矿物质对宝宝的发育大有好处；虾皮是补钙的好食材。

月嫂私房话

按摩有助于预防乳房下垂

每天临睡前，新妈妈两手互搓至掌心发热，将掌心紧贴乳房乳晕位置，以画圈的形式向上按摩，直至锁骨，然后将范围扩大至腋下继续做螺旋状按摩；也可以将手心贴在乳房外侧，然后由外向内轻揉乳房，直到感觉胸部隐约发热为止。

菠菜鱼片汤

原料：鱼肉100克，菠菜100克，蛋清、淀粉、香油、葱段、姜片、盐各适量。

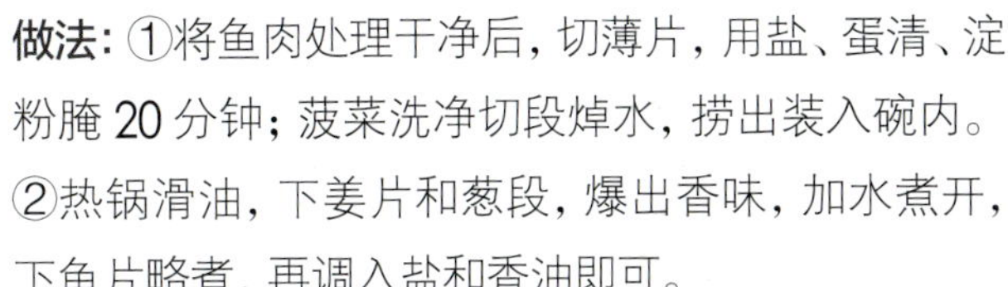

做法：①将鱼肉处理干净后，切薄片，用盐、蛋清、淀粉腌20分钟；菠菜洗净切段焯水，捞出装入碗内。②热锅滑油，下姜片和葱段，爆出香味，加水煮开，下鱼片略煮，再调入盐和香油即可。

营养功效：菠菜鱼片汤含有丰富的蛋白质、钙、磷、铁、锌和多种维生素，有增乳、通乳、调养身体的功效。

三丝牛肉

原料：牛肉100克，木耳30克，胡萝卜50克，菠菜段、香油、酱油、白糖、水淀粉、盐、葱段、姜丝各适量。

做法：①将牛肉、木耳、胡萝卜均切丝。②用香油、酱油、白糖、水淀粉将牛肉丝腌30分钟。③热锅起油，爆香葱段、姜丝，将牛肉丝放锅中炒至八成熟后取出。④将木耳丝、胡萝卜丝放锅中翻炒片刻，再放菠菜段，最后加入牛肉丝烩炒，放盐调味，用水淀粉勾芡即可。

营养功效：牛肉含有丰富的维生素B_6，可以增强新妈妈的免疫力。

产后第 18 天

哺乳妈妈因哺喂宝宝难免会觉得疲劳，可以喝一些缓解疲劳的粥类，多吃水果，放松心情，照顾好自己。偶尔出现奶水少的情况时先不要着急，通过一两天的调理，一般就会恢复正常。

今日饮食要点

可适当吃些零食

新妈妈容易感到饥饿，可适当吃些零食，如栗子、全麦面包等。

木瓜排骨汤

原料：猪肋排 1 条，木瓜半个，红枣 2 颗，花生仁、姜片、盐各适量。

做法：①猪肋排切成小块，用开水汆烫；红枣、花生仁洗净；木瓜洗净，去皮切块。②在锅中加适量清水，煮沸后加入肋排块、姜片、木瓜块、红枣、花生仁和盐，用大火煮沸后转用小火煮熟即可。

营养功效：木瓜能帮助排出体内毒素，与排骨同食有催乳功效。

奶汁百合鲫鱼汤

原料：鲫鱼 1 条，牛奶 150 毫升，木瓜 200 克，百合 15 克，盐、葱末、姜末各适量。

做法：①鲫鱼处理干净；木瓜洗净，切小块。②锅中放适量油烧热，将鲫鱼两面略煎。③加水，大火烧开，再放葱末、姜末，改小火慢炖。④当汤汁颜色呈奶白色时放木瓜块，加盐调味，再倒入牛奶稍煮，出锅前放入百合煮熟即可。

营养功效：此汤有益气养血、补虚通乳的作用，是帮助哺乳妈妈分泌乳汁的佳品。

仍要注意会阴的清洁

产后第 3 周是白色恶露期，此时的恶露已不再含有血液，而含有大量的白细胞、退化蜕膜、表皮细胞和细菌，使恶露变得黏稠而色泽较白。新妈妈不要误认为恶露已尽，就不注意会阴的清洗和保护，应每天清洗阴部。

鳝丝打卤面

原料： 面条、黄鳝丝各 100 克，葱花、姜丝、酱油、白糖、盐、水淀粉各适量。

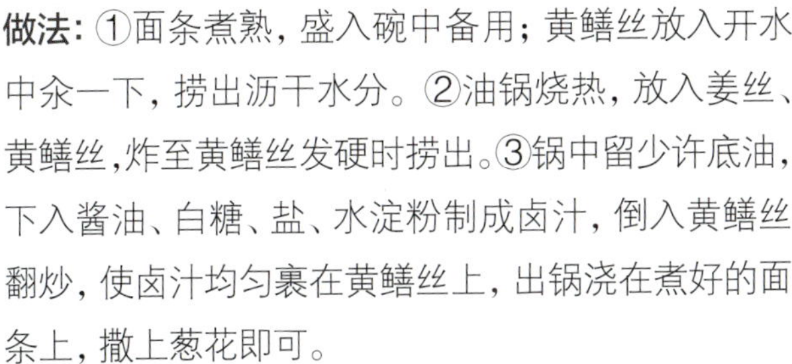

做法： ①面条煮熟，盛入碗中备用；黄鳝丝放入开水中氽一下，捞出沥干水分。②油锅烧热，放入姜丝、黄鳝丝，炸至黄鳝丝发硬时捞出。③锅中留少许底油，下入酱油、白糖、盐、水淀粉制成卤汁，倒入黄鳝丝翻炒，使卤汁均匀裹在黄鳝丝上，出锅浇在煮好的面条上，撒上葱花即可。

营养功效：黄鳝具有补脾益气和催乳的功效，是不错的滋补食物。

牛肉饼

原料： 面粉 200 克，牛肉馅 1 碗，鸡蛋 1 个，葱末、姜末、盐、香油和水淀粉适量。

做法： ①在牛肉馅中加入葱末、姜末、盐、香油，搅拌均匀，打入 1 个鸡蛋，加入适量水淀粉搅拌均匀。②面粉加适量水和成面团，分成小剂，擀成饼皮，包入牛肉馅，摊平成饼状，用适量油煎熟，或上屉蒸熟，也可以用微波炉大火加热 5~10 分钟至熟。

营养功效：牛肉富含蛋白质，可提高人体免疫力，还能促进乳汁分泌。

产后第 19 天

有不少新妈妈产后出现不同原因、不同程度的水肿症状，可尝试吃一些利水消肿的食物。此外，新妈妈不要过度劳累，以防落下月子病。

今日饮食要点

吃些缓解水肿的食物

红豆、西蓝花等利水消肿食物，有助于排出身体里多余的水分，预防、缓解产后水肿症状。

海带豆腐骨头汤

原料：猪腔骨 300 克，海带段、豆腐各 100 克，鲜香菇 5 朵，葱段、姜片、盐各适量。

做法：①猪腔骨洗净；香菇洗净，划十字花刀；豆腐切块。②将猪腔骨、海带段、葱段、姜片放锅内，再加清水，开大火煮沸后撇去浮沫。③加盖改用小火炖至猪腔骨上的肉快熟时，拣去葱段和姜片。④放豆腐块和香菇，用小火炖至熟透，放盐调味，稍炖即可。

营养功效：此汤含丰富的钙，产后缺钙的新妈妈可每天适量饮用，有助于补钙。

豌豆炒鱼丁

原料：豌豆 100 克，鳕鱼 200 克，彩椒粒、姜片、葱段、香油、盐、淀粉各适量。

做法：①鳕鱼去皮、去骨，切成小丁，用盐、淀粉腌制 10 分钟；豌豆洗净，焯水备用。②烧热油锅，爆香姜片、葱段，倒入鳕鱼丁炒熟，加入豌豆、彩椒粒一起翻炒，调入适量盐、香油即可。

营养功效：豌豆具有促进乳汁分泌的功效，而鳕鱼肉中含有丰富的维生素 A 和不饱和脂肪酸，同食可促进乳腺发育、丰胸催乳。

不要做重体力劳动

产后新妈妈不要过早进行重体力劳动，以免日后造成阴道膨出和子宫脱垂。不过，可以适当做产后恢复体操，它可以很好地促进恢复盆底肌肉、腹肌、腰肌的张力和功能，对防止产后尿失禁、阴道膨出和子宫脱垂有很好的作用。

芹菜莴笋豆浆

原料： 黄豆 50 克，芹菜叶 40 克，莴笋 20 克。

做法： ①将黄豆用清水浸泡 10~12 小时，捞出洗净；芹菜叶择洗干净；莴笋洗净、去皮、切碎。②将上述食材一同放入豆浆机中，加清水至上下水位线之间，启动豆浆机，待豆浆制作完成后过滤即可。

营养功效：莴笋富含维生素 C、叶酸等；芹菜清热解毒，富含膳食纤维，常食能促进肠蠕动，预防便秘。

羊骨小米粥

原料： 羊骨块 50 克，小米 30 克，陈皮、姜丝、苹果块各适量。

做法： ①小米洗净，浸泡一会儿；羊骨洗净。②在锅中放入适量清水，将羊骨、陈皮、姜丝、苹果块放入锅中，用大火煮沸。③放入小米，待小米熟透即可。

营养功效：羊骨中含有碳酸钙、骨胶原、磷脂等营养成分，对产后腰膝酸软、筋骨酸疼、骨质疏松等有一定的食疗效果。

产后第 20 天

新妈妈在日常饮食中，要多喝水、合理补充营养，还应知道有哪些调味料不适宜产后食用。辛辣燥热的调味料，如辣椒、胡椒、小茴香等，容易引起新妈妈上火、大便秘结等问题，因此新妈妈应少吃或不吃。

今日饮食要点

预防便秘

新妈妈多食用一些富含膳食纤维的食物，以免发生便秘，但也要根据自身情况适量食用。

乌鸡白凤汤

原料：乌鸡 1 只，白凤尾菇 50 克，葱段、姜片、盐各适量。

做法：①将乌鸡洗净，斩块，汆水；白凤尾菇洗净，撕片。②将姜片放入锅中，加入清水煮沸，放入乌鸡块，加入葱段，用小火焖煮至酥软。③放入白凤尾菇片，煮沸几分钟，加入盐调味即可。

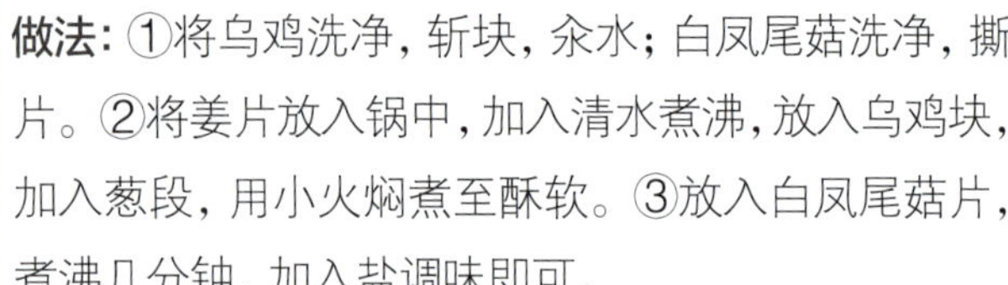

营养功效：此汤富含蛋白质和微量元素，对哺乳妈妈有很好的滋补作用。

雪菜肉丝汤面

原料：面条 100 克，猪肉丝 50 克，雪菜 100 克，酱油、盐、葱花、姜末、水淀粉、高汤各适量。

做法：①雪菜洗净，浸泡 2 小时，捞出沥干，切碎末；猪肉丝加盐、水淀粉拌匀。②油烧热，下姜末、肉丝煸炒至变色，放雪菜末翻炒，放酱油、盐、葱花，翻炒匀盛出。③煮熟面条，装入盛适量酱油、盐的碗内，浇入适量高汤，再把炒好的雪菜肉丝覆盖在面条上。

营养功效：此汤面营养丰富，味道浓郁鲜美，具有温补作用，可起到催乳的作用。

产后洗澡不宜盆浴

产后新妈妈洗澡的方式早期以擦浴为宜，之后可以淋浴，但月子期间千万不要盆浴。因为产后新妈妈在子宫腔、阴道、会阴等处都不同程度地留有创面，洗澡水可能会灌入生殖道而引起创伤面感染，所以不能盆浴。

西蓝花彩蔬小炒

原料： 西蓝花 200 克，玉米粒、胡萝卜丁、青椒丁、红椒丁、盐、香油、姜末、水淀粉适量。

做法： ①西蓝花掰小朵洗净；锅放水烧开，下胡萝卜丁、西蓝花、玉米粒焯熟，捞出沥水。②坐锅放油，下姜末爆香，放玉米粒、胡萝卜丁、青椒丁、红椒丁炒 1 分钟，放盐炒匀，用水淀粉勾芡，滴入香油，起锅。③西蓝花装盘围边，放入炒好的彩蔬即可。

营养功效：这道菜含丰富的维生素，在新妈妈进补期间食用可缓解胃肠负担。

香菇荞麦粥

原料： 大米 50 克，荞麦 40 克，干香菇 2 朵。

做法： ①将干香菇浸入水中，泡发后去蒂，切成丝。②大米和荞麦淘洗干净，放入锅中，加适量水，用大火煮。③煮沸后放入香菇丝，转小火，慢慢熬制成粥即可。

营养功效：荞麦富含膳食纤维和矿物质，营养丰富，香菇有助于提高免疫力。

产后第 21 天

非哺乳妈妈产后虽然也需要进补，但是与哺乳妈妈相比，饮食应相对清淡，这对非哺乳妈妈的身体康复和身材恢复有益。

今日饮食要点

可吃些益智补脑食物

新妈妈因体内激素变化易引发记忆力衰退现象，可吃些如核桃、鱼肉等益智补脑食物。

虾酱蒸鸡翅

原料： 鸡翅中 6 个，虾酱 10 克，葱段、姜片、淀粉、盐、白糖各适量。

做法： ①鸡翅中洗净，沥干水分，在鸡翅中上划几刀，用淀粉和盐腌制 15 分钟。②加虾酱、姜片、葱段、白糖和适量的盐拌匀，放入一个较深的容器中，盖上盖。③放进微波炉用大火蒸 10 分钟，取出码入盘中即可。

营养功效：虾酱同鸡翅一起食用，在增加泌乳量的同时也能提高母乳质量。

胡萝卜牛蒡排骨汤

原料： 排骨 200 克，干牛蒡 20 克、胡萝卜 50 克，姜片、盐适量。

做法： ①排骨洗净，切段备用；干牛蒡洗净，备用；胡萝卜洗净，切块备用。②把所有食材一起放入锅中，加清水大火煮开后，转小火再炖 1 小时，出锅时加盐调味即可。

营养功效：牛蒡有强健筋骨、增强体力的作用。

有效淡化妊娠纹的方法

新妈妈平时可多吃些富含维生素 B_6 的牛奶及奶制品，以及富含维生素 C 的食物，如橘子、草莓和绿色蔬菜等。

此外，按摩有助于增加皮肤弹性。在洗澡后，以打圈的方式轻轻按摩有肥胖纹或妊娠纹的部位。平时新妈妈要注意调养休息，产后无论多忙都要保证每天 8 小时以上的睡眠，有助于调整体内激素的分泌。

黑芝麻花生粥

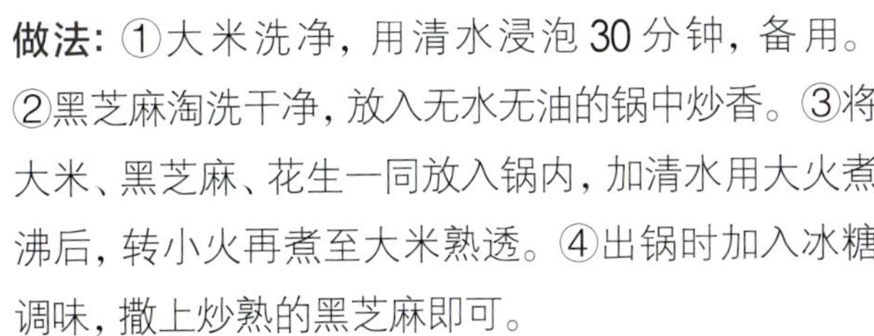

原料： 黑芝麻、花生、大米各 50 克，冰糖适量。

做法： ①大米洗净，用清水浸泡 30 分钟，备用。②黑芝麻淘洗干净，放入无水无油的锅中炒香。③将大米、黑芝麻、花生一同放入锅内，加清水用大火煮沸后，转小火再煮至大米熟透。④出锅时加入冰糖调味，撒上炒熟的黑芝麻即可。

营养功效：黑芝麻中的维生素 E 具有抗氧化的功能，可抑制黑色素生成，延缓肌肤衰老。

猪肝拌菠菜

原料： 猪肝 40 克，菠菜 20 克，海米 10 克，香油、盐、醋、姜末、葱段、姜片、葱花、料酒各适量。

做法： ①猪肝洗净，放葱段、姜片、料酒煮熟，切成薄片；海米用温水浸泡；菠菜洗净，焯烫，切段。②用盐、醋、香油兑成调味汁。③将菠菜放在盘内，放入猪肝片、姜末、海米、葱花，倒上调味汁拌匀即可。

营养功效：本周催乳的同时，新妈妈也不要忘记补血，猪肝具有滋阴补血的功效。

新妈妈的身体变化

恶露：产后第 4 周，白色恶露基本上排干净了，变成了普通的白带。但新妈妈还是要注意会阴的清洗，勤换内衣裤。

乳房：乳房比较饱满，偶尔发生漏乳时，要及时更换乳垫，保持清洁。

妊娠纹：这周新妈妈的腹部变小了，妊娠纹也开始变浅，如果新妈妈做好皮肤护理，更有助于淡化妊娠纹。

伤口：伤口可能会发痒，切不可用手抓。

产后第4周

本周产后恢复特别关注

预防子宫脱垂：即便此时新妈妈体力基本恢复，也要避免长时间弯腰、久站、久蹲或是做重活，以防子宫脱垂。

呵护眼睛：新妈妈不要长时间盯着手机、电脑屏幕，一定要经常闭目养神，让眼睛得到充分的休息。

及时补钙：月子里缺钙会引起腰酸背痛、脚抽筋、牙齿松动、骨质疏松等常见的月子病，宝宝也可能因为母乳中钙含量不足而患佝偻病，因此产后新妈妈要注意及时补钙。

补充水分：哺乳妈妈每天会损失大约1 000毫升的水分。若新妈妈体内的水分不足，则母乳量会相应地减少，从而影响宝宝的健康，每天应补充3 000毫升左右的水分。

产后第 4 周 饮食营养指导

产后第 4 周是妈妈身体恢复的关键期，身体各器官在逐渐恢复中。妈妈可以按照高营养、低脂肪、易消化的饮食原则循序渐进地调理、滋补身体。

适量摄入膳食纤维

膳食纤维可以增加人体粪便的体积，促进排便，预防便秘。但新妈妈在生产后，身体需要大量的营养素来帮助身体恢复，这时摄取过多的膳食纤维，只会影响身体对其他营养素的吸收，不利于身体恢复。因此，新妈妈最好适量摄入膳食纤维。

不宜单吃红薯

红薯不宜作为单一主食食用，新妈妈要以大米、馒头为主，辅以红薯。这样既调剂了口味，又不至于对胃肠产生副作用。单一食用红薯时，可以吃些蔬菜沙拉，这样可以减少胃酸，减轻和消除胃肠的不适感。胃口不佳及胃酸过多的新妈妈宜少食。

不宜长时间喝肉汤

一般来说，新妈妈每天吃 1~2 个鸡蛋，配以适量的瘦肉、鱼肉，就可满足每日蛋白质和钙的摄入需要了。奶水充足的新妈妈不必额外喝大量肉汤，奶水不足的新妈妈可以喝一些肉汤，但也不必持续太久，以免因摄入脂肪过多导致体形不好恢复。此外，大量喝肉汤会导致宝宝腹泻，这是因为奶水中会含有大量脂肪颗粒，宝宝难以吸收，易造成消化不良。

不宜吃过多的保健品

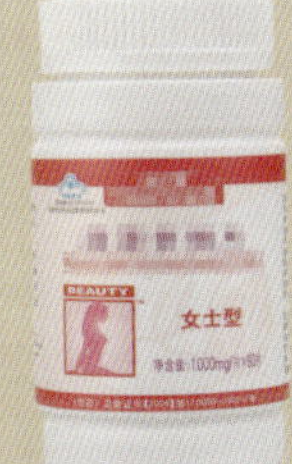

产后新妈妈为了使身体能够快速恢复，会选择吃很多的保健品，这样的做法并不科学。产后新妈妈体质较弱，食用太多保健品反而会引起身体的不适，还是应当依靠食用天然健康的食物来达到恢复身体的目的。

多吃些清火食物

新妈妈要给宝宝哺乳，一些清火的药最好不要吃。平时吃东西时要注意，不能吃辛辣的食物，少吃或不吃热性佐料，如花椒、小茴香等，可适量吃些绿豆、柚子、芹菜等清火食物。

月嫂私房话

不宜常出去吃饭：宝宝满月了，新妈妈经过 1 个月的休整也可以外出就餐了，但一定要注意控制外出用餐次数。大部分餐厅提供的食物中，油、盐、糖、味精含量高，不适合产后新妈妈进补。

不得不在外面就餐时：饭前应喝些清淡的汤，减少肉类的摄入，用餐时间控制在 1 小时之内。

一周私房月子餐

餐饮周计划

序号	早餐	午餐	晚餐	加餐
星期一	黄花菜粥、水煮鸡蛋	米饭、菠菜肉片汤、黄鱼豆腐煲、酿茄墩	牛肉蔬菜饼、珍珠三鲜汤、六合菜	红豆花生乳
星期二	干贝灌汤饺	杂粮饭、莲藕炖牛腩、葱烧海参、香菇炒油菜	米饭、糙米橘皮柿饼汤、豌豆炒虾仁、麻油炒空心菜	牛奶南瓜羹
星期三	牛肉卤面	米饭、白菜肉丸汤、芹菜炒猪肝、蚝油草菇	牛肉饼、豌豆粥、白灼芥蓝	鲜奶南瓜羹
星期四	香菇鸡汤面	二米饭、栗子黄鳝煲、彩椒香芹鸡肾、清炒油麦菜	家常鸡蛋饼、珍珠三鲜汤、木耳炒鸡蛋	玫瑰汤圆
星期五	紫菜虾仁馄饨	杂粮饭、红枣蒸鹌鹑、西红柿炒蛋、麻酱拌菠菜	黄花菜鸡汤、牛奶馒头、西蓝花炒猪腰	山药扁豆糕
星期六	三鲜汤面	杂粮饭、三鲜冬瓜汤、肉片炒蘑菇、香干炒芹菜	蔬菜饼、黄豆莲藕排骨汤、麻油红苋菜	咸香蛋黄饼
星期日	奶酪三明治、红枣银耳羹	米饭、香菇炖鸡汤、蚝汁鲍鱼、凉拌素什锦	牛肉卤面、鸡丝菠菜	紫薯山药糕

产后第 22 天

黄鱼豆腐煲

原料：黄花鱼 1 条，春笋 20 克，豆腐 1 块，香菇丝、高汤、酱油、盐、白糖、香油、水淀粉、姜片、葱花各适量。

做法：①将黄花鱼处理干净，备用。②豆腐切小块；春笋洗净切片。③黄花鱼放入油锅中，煎至两面金黄时，加姜片、酱油、白糖、香菇丝、春笋片、高汤，烧沸后放入豆腐块、盐，小火炖至熟透，用水淀粉勾芡，淋入香油，放入葱花即可。

营养功效：鱼肉和豆腐都含有优质蛋白，能促进乳汁分泌，补益身体。

红豆花生乳

原料：花生仁 50 克，红豆 30 克，牛奶 200 毫升。

做法：①将红豆用水浸泡 10~12 小时，捞出洗净；花生仁洗净。②将红豆和花生仁一同放入豆浆机中，加入牛奶，再加清水至上下水位线之间，启动豆浆机，待豆浆制作完成，过滤即可。

营养功效：花生富含矿物质和维生素等营养成分，搭配红豆，有很好的养血养颜、滋润肌肤的功效。

黄花菜粥

原料：干黄花菜 10 克，大米 30 克，猪瘦肉末、盐、香油、葱花各适量。

做法：①将干黄花菜洗净，用温水泡开后去头尾切段；大米淘洗干净。②将大米放入锅中，加清水烧开，转小火熬煮，待米粒煮开花时放入猪瘦肉末、黄花菜段。③将熟时放入香油、盐调味，撒上葱花即可。

营养功效：此粥可改善健忘、失眠、贫血、水肿、乳汁分泌不足等症状。

酿茄墩

原料：茄子、鸡蛋各 1 个，肉馅 100 克，香菇末、葱花、水淀粉、白糖、酱油、姜末、盐适量。

做法：①茄子去皮，切段，用小刀挖去茄子段中间部分。②在肉馅中放入盐、蛋清、香菇末、姜末、葱花，拌匀后，放入挖空的茄墩内，放入盘内蒸熟。③锅中加水，加入白糖、盐、酱油烧开，用水淀粉勾芡，淋在蒸好的茄墩上，点缀葱花即可。

营养功效：茄子有祛热消肿的作用，还可以缓解新妈妈便秘症状。

产后第 23 天

产后每天吃 200~250 克水果对新妈妈身体恢复、增强免疫力很有益处，但是注意别吃过凉的水果，如西瓜、梨等。

今日饮食要点

吃补气血的食物

补气血能促进恢复，缓解神疲乏力头昏眼花等症状。新妈妈可多吃些红枣、海参、虾仁等食物。

葱烧海参

原料： 葱段 120 克，水发海参 200 克，高汤 250 毫升，熟猪油、酱油、水淀粉、盐各适量。

做法： ①将海参洗净汆烫；用熟猪油把葱段炸黄，捞出，留底油。②海参下锅稍炒，加入高汤、酱油、盐，烧至汤汁只剩 1/3，用水淀粉勾芡，加入炸好的葱段稍煮即可。

营养功效：海参可延缓衰老、缓解疲劳、提高免疫力，是滋补佳品。

糙米橘皮柿饼汤

原料： 糙米 50 克，橘子皮 10 克，柿饼 2 个。

做法： ①柿饼洗净，切小块；橘皮切丝。②将锅烧热，加入糙米迅速翻炒片刻后，改成小火继续炒熟，要避免将糙米炒黑。③换成砂锅，将炒熟的糙米与橘子皮、柿饼块一同放入砂锅中，加清水，用大火煮沸后即可。

营养功效：柿饼汤富含维生素、膳食纤维，橘子皮可祛痰止咳。

剖宫产妈妈不要过早揭掉伤口的痂

一般剖宫产的手术伤口范围较大，皮肤的伤口在手术后5~7天即可拆线或去除皮肤痂。有的医院进行可吸收线皮内缝合，不需拆线，但是完全恢复的时间需要4~6周。

过早强行揭痂会把尚停留在修复阶段的表皮细胞带走，甚至撕脱真皮组织，破坏伤口愈合。剖宫产妈妈一定要细心呵护伤口，避免给非常忙乱的月子阶段增添更多麻烦。

莲藕炖牛腩

原料：牛腩200克，莲藕100克，红豆50克，姜片、盐各适量。

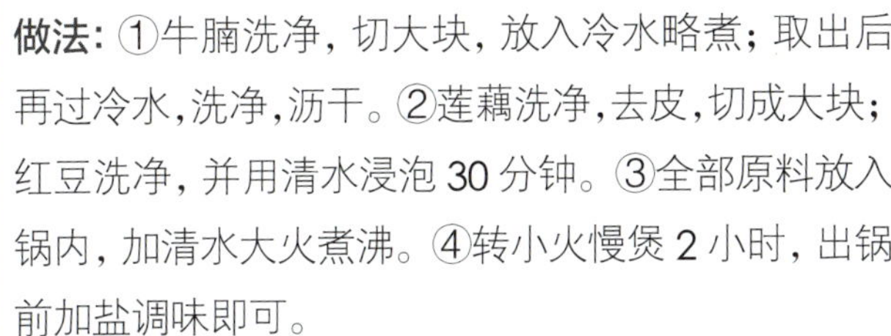

做法：①牛腩洗净，切大块，放入冷水略煮；取出后再过冷水，洗净，沥干。②莲藕洗净，去皮，切成大块；红豆洗净，并用清水浸泡30分钟。③全部原料放入锅内，加清水大火煮沸。④转小火慢煲2小时，出锅前加盐调味即可。

营养功效：莲藕富含维生素C和膳食纤维，对产后便秘的新妈妈十分有益。

豌豆炒虾仁

原料：虾200克，豌豆60克，盐、水淀粉、香油、姜片、葱段各适量。

做法：①把洗净后的豌豆放入开水锅中，用淡盐水焯一下。②虾去壳、挑虾线，取虾仁开背。③锅中放入油，待三成热时，放姜片、葱段爆香；将虾仁入锅，快速滑散后倒入盘中备用。④锅内留适量底油，烧热，放入豌豆翻炒，再放入盐、虾仁，用水淀粉勾薄芡，将炒锅颠几下，淋上香油即可。

营养功效：豌豆和虾仁都含有丰富的蛋白质，可促进新妈妈乳汁分泌。

产后第 24 天

新妈妈如果出现精神不振、面色萎黄、不思饮食的现象，就可能是产后虚弱了。产后身体虚弱的新妈妈应当注重养气补虚、滋补肝肾。

今日饮食要点

注意养气补虚

产后身体虚弱的新妈妈，肠道功能也较弱，饮食上要注意多吃补气、易消化的食物。

牛肉卤面

原料： 面条 100 克，牛肉 50 克，胡萝卜、红椒、竹笋各 20 克，酱油、水淀粉、盐、香油、葱丝各适量。

做法： ①将牛肉、胡萝卜、红椒、竹笋洗净，切小丁。②面条煮熟，过水后盛入汤碗中。③锅中放油烧热，放牛肉丁煸炒，再放胡萝卜丁、红椒丁、竹笋丁翻炒，加入酱油、盐、水淀粉翻炒至熟，浇在面条上，最后再淋几滴香油、点缀葱丝即可。

营养功效：此道面食滋补胃肠，还有补血的效果，适合新妈妈食用。

鲜奶南瓜羹

原料： 南瓜 1 个，鲜牛奶 250 毫升，淡奶油 20 克，白糖适量。

做法： ①南瓜去皮、去子，洗净，切片。②将南瓜片上锅蒸 10~15 分钟至变软，取出打成泥。③将南瓜泥倒入锅中，小火加热，加入鲜牛奶和淡奶油，不断用勺搅动避免粘锅，再次煮沸，加白糖调味即可。

营养功效：南瓜富含胡萝卜素、微量元素和果胶，有助于缓解便秘；牛奶可补充钙和蛋白质。

哺乳妈妈少用药物缓解抑郁

产后抑郁是暂时的，一般来得快去得也快。新妈妈取得家人的理解与呵护，多与有同样经历的妈妈讨论一下育儿经验，多分散注意力，可以有效缓解抑郁情绪。如果靠药物来减轻这些症状，药物会随着乳汁传递给宝宝，宝宝吸收后会对身体有不良影响。

芹菜炒猪肝

原料：新鲜猪肝100克，芹菜50克，葱段、姜末、淀粉、酱油、香油、盐、水淀粉、彩椒丝各适量。

做法：①芹菜洗净，切段。②猪肝洗净，去筋膜，切片，放入碗中，加葱段、姜末、淀粉，拌均匀。③在油锅中放入猪肝片，炒一会儿加芹菜，继续炒片刻，加盐、酱油，再用水淀粉勾芡，淋入香油即可，最后用彩椒丝点缀。

营养功效：猪肝能补铁养血；芹菜有镇静安神、美容养颜的功效。

豌豆粥

原料：新鲜豌豆30克，大米50克，红糖、白糖各适量。

做法：①大米淘洗干净，放入锅内加入适量水，用大火煮沸，转小火煮至粥黏稠，再放豌豆煮熟。②食用时，先在碗内放入白糖、红糖，再盛入豌豆粥即可。

营养功效：豌豆富含铜，且补中益气，有利于产后妈妈身体恢复。

产后第 25 天

新妈妈不宜经常外出用餐。哺乳妈妈在饮食上注意多吃促进泌乳的食物，在生活上要注意乳房的清洁卫生，预防乳腺炎的发生。

今日饮食要点

吃些温补食物

尤其是寒性体质的新妈妈本身脾胃虚寒，一定要少摄入性寒凉的食物，多吃些温补的食物。

木耳炒鸡蛋

原料：鸡蛋 2 个，水发木耳 50 克，葱花、彩椒丁、盐、香油各适量。

做法：①鸡蛋打入碗内，打散备用。②油锅烧热，将鸡蛋液倒入，炒熟后盛出，备用。③另起油锅，将木耳和彩椒丁放入锅内炒几下，再放入炒好的鸡蛋，加入盐、葱花调味，淋上香油即可。

营养功效：木耳有益气强智、止血止痛、补血活血等功效，是产后贫血妈妈重要的保健食物。

香菇鸡汤面

原料：细面条 100 克，鸡胸肉 50 克，胡萝卜、香菇各 20 克，油菜 1 棵，葱花、盐、香油、酱油各适量。

做法：①鸡胸肉洗净切丝；胡萝卜洗净切片。②锅中加温水，放鸡胸肉丝、胡萝卜片、香菇加盐煮熟，加少许酱油、香油备用。③沸水中依次下面条和油菜，煮熟后盛入碗中，把煮熟的鸡肉丝、胡萝卜片、香菇摆在面条上，淋热鸡汤，撒上葱花即可。

营养功效：鸡汤面可健胃益脾，易消化，适合新妈妈月子期食用。

预防皮肤瘙痒

产后有些新妈妈会出现皮肤瘙痒，这多是由于日常护理不当造成的，应以预防为主。

容易出汗的新妈妈，应勤洗澡换衣，洗澡时注意皮肤褶皱部位的清洁。此外，用温度过高的水洗澡，会使皮肤更干燥，全身发痒，应用接近于人体温度的水洗澡，洗完澡后擦一些保湿乳液。需要注意的是，避免过度清洁，如频繁清洁身体，会使皮肤保护层被破坏，易引起皮肤瘙痒。

珍珠三鲜汤

原料： 鸡胸肉 100 克，胡萝卜、西红柿、豌豆各 50 克，鸡蛋 1 个，盐、香油、水淀粉各适量。

做法： ①胡萝卜、西红柿洗净切丁；鸡胸肉洗净剁成泥。②蛋清、鸡胸肉泥、盐、水淀粉混合搅拌。③锅中放清水烧开，放入胡萝卜丁、西红柿丁、豌豆煮沸。④用小汤匙把鸡胸肉泥从碗边拨成丸子，放入锅内，用大火将汤再次煮沸，出锅前放盐和香油即可。

营养功效：鸡肉的脂肪含量少，铁、蛋白质的含量却很高，容易消化。

栗子黄鳝煲

原料： 黄鳝 200 克，板栗肉 50 克，盐、姜片、葱花各适量。

做法： ①黄鳝洗净后用热水烫去黏液切段；板栗肉洗净。②将黄鳝段、板栗肉、姜片一同放入锅内，加入清水煮沸后，转小火再煲 1 小时，出锅时加入盐调味，撒上葱花点缀即可。

营养功效：黄鳝对产后妈妈筋骨酸痛、浑身无力、精神疲倦等具有良好疗效。

产后第 26 天

哺乳妈妈的饮食应营养全面，鸡、鸭、鱼、肉、水果、蔬菜都要吃，但要注意不要吃含有防腐剂的食物；尽量少吃性热的水果，如榴莲、荔枝等。

今日饮食要点

少吃油炸食物

新妈妈在坐月子期间要注意少吃油炸食物，以免摄入过多的油脂，影响乳汁质量或导致肥胖。

黄花菜鸡汤

原料：鸡肉 100 克，干黄花菜 30 克，盐、茶油、姜片各适量。

做法：①干黄花菜用温水浸泡 30 分钟，去梗；鸡肉洗净，切丝。②茶油放入锅中烧热，放鸡肉丝、姜片一起炒，八成熟时放黄花菜和适量清水，小火炖至熟烂，放盐调味即可。

营养功效：黄花菜营养丰富，与鸡肉煲汤可催乳，适合哺乳妈妈食用。

红枣蒸鹌鹑

原料：鹌鹑 1 只，红枣 5 颗，姜片、葱段、盐、淀粉各适量。

做法：①将鹌鹑处理好，洗净；红枣洗净，去核。②将鹌鹑与红枣、姜片、葱段、盐、淀粉拌匀，放入蒸碗里加适量清水。③将蒸碗放入蒸锅中蒸熟即可。

营养功效：清蒸的鹌鹑清甜，肉质嫩滑，加入红枣，既营养又美味。

不可忽视颈部保养

妈妈可以适当做做颈部运动，加强对颈部的保养。

1. 站立姿势，双手自然下垂，双脚打开，与肩同宽。2. 右手扶住头，向左侧压下，然后还原，换另一侧进行。3. 双手抱头做头颈旋转动作，注意运动时动作要缓慢。

西蓝花炒猪腰

原料： 猪腰1个，西蓝花200克，葱段、姜片、黄酒、酱油、盐、白糖、水淀粉、香油各适量。

做法： ①猪腰去腥臊，切花刀，在黄酒中泡去异味。②锅中放葱段、姜片、清水，用大火烧开，放猪腰汆烫后捞出。③西蓝花洗净，切块，焯水取出。④另起油锅，将葱段、姜片爆香后放入腰花，加酱油、盐、白糖煸炒。⑤放入西蓝花一同煸炒，加水淀粉勾芡，加香油调味。

营养功效：此菜有利于新妈妈对铁的吸收，可预防产后贫血。

山药扁豆糕

原料： 山药、扁豆各100克，橘皮、淀粉、彩椒丝各适量。

做法： ①山药洗净，蒸熟去皮，捣烂；橘皮切丝。②将扁豆切丝，与山药泥和陈皮丝一同放入搅拌机中，再加少许水打成泥。③山药扁豆泥装入盘中，加适量淀粉搅拌均匀，放在蒸锅中蒸熟，凉凉后切块，加彩椒丝点缀即可。

营养功效：山药扁豆糕可作为加餐食用，能够缓解新妈妈水肿，调理肠胃。

产后第 27 天

哺乳妈妈现在还不到减肥的时候，需要进一步增强体质，所以应继续保持定时定量进餐，全面补充营养，但要特别注意不宜过量食用调味品。

今日饮食要点

可吃些爽口小菜

经过近 1 个月的滋补，新妈妈可能吃腻了肉食，爽口营养的凉菜可以调剂一下新妈妈的口味。

三鲜冬瓜汤

原料：冬瓜、冬笋各 30 克，西红柿 1 个，鲜香菇 3 朵，油菜 1 棵，姜片、盐、香油各适量。

做法：①冬瓜去皮、去子；鲜香菇去蒂，洗净，切十字刀。②冬笋、西红柿、冬瓜、油菜洗净；西红柿、冬笋、冬瓜分别切片。③锅中加适量清水，大火煮沸，放入姜片、西红柿片、冬笋片、冬瓜片、香菇，继续煮至食材熟透，放入油菜略煮。④出锅前放盐、香油调味即可。

营养功效：冬笋含有多种维生素和氨基酸，不仅可以增强体质，而且可以预防新妈妈产后便秘。

肉片炒蘑菇

原料：猪肉、蘑菇各 100 克，青椒、红椒、葱段、姜片、盐、水淀粉各适量。

做法：①将猪肉、蘑菇、青椒、红椒洗净，切片。②猪肉片用盐、水淀粉腌制。③油锅烧至七成热后放葱段和姜片炝锅，放猪肉片炒至八成熟后盛出。④锅留底油，放入蘑菇片、青椒片、红椒片，改大火翻炒，加盐后倒入猪肉片翻炒至熟即可。

营养功效：蘑菇鲜美可口，营养丰富，帮助新妈妈营养均衡。

做好皮肤的保养工作

皮肤重在保养，每一天都不容忽视，因此，清洁好面部后，新妈妈应选用一些纯天然的植物类产品来滋养皮肤。

新妈妈可以用补水成分高的洗面奶做面部清洁，洗完脸后马上用化妆棉蘸爽肤水扑打在脸上，眼部护理也不要忘，用完爽肤水后，在眼部涂一层眼霜，并配合按摩促进吸收，最后再使用保湿类的护肤霜。沐浴后，新妈妈可以在全身涂一层较为稀薄的身体乳，以防皮肤干燥起皮屑。

黄豆莲藕排骨汤

原料： 黄豆、莲藕各50克，排骨250克，盐、醋、姜片各适量。

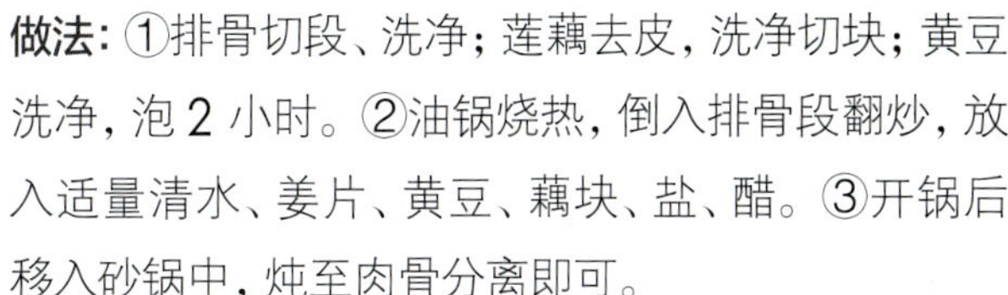

做法： ①排骨切段、洗净；莲藕去皮，洗净切块；黄豆洗净，泡2小时。②油锅烧热，倒入排骨段翻炒，放入适量清水、姜片、黄豆、藕块、盐、醋。③开锅后移入砂锅中，炖至肉骨分离即可。

营养功效：黄豆、莲藕与排骨炖汤是经典搭配，产后新妈妈可以经常食用。

三鲜汤面

原料： 面条50克，鸡肉30克，虾肉20克，香菇2朵，姜片、盐、酱油各适量。

做法： ①将虾肉、鸡肉、香菇洗净，虾肉开背，鸡肉、香菇切片。②锅中加水，烧沸后放入面条，煮熟，盛出备用。③油锅烧至七成热，放入姜片、虾肉、鸡肉片、香菇片翻炒，加酱油和适量水，烧开后加盐调味，浇在面条上，最后点缀葱花即可。

营养功效：鸡肉不仅可以增强新妈妈的免疫力，而且对产后疲劳无力、贫血虚弱有一定的疗效。

产后第 28 天

哺乳前，新妈妈先挤点奶出来湿润乳头，可以预防乳头皲裂。哺乳时，新妈妈让宝宝含住大部分乳晕，这样既可以让宝宝吃奶更畅快，也可避免乳头皲裂。

今日饮食要点

时刻注意补气血

产后气血两虚的新妈妈，要时刻注意补气补血，可多吃些红枣。

红枣银耳羹

原料： 干银耳 15 克，红枣 4 颗，枸杞子、冰糖适量。

做法： ①干银耳用冷水泡开，洗净，去蒂后撕成小朵。②红枣洗净去核。③银耳、红枣、冰糖下锅，加适量清水，小火煮至黏稠，放适量枸杞子焖 5 分钟即可。

营养功效：红枣银耳羹营养丰富、滋阴补血，是一道非常适合新妈妈的饮品。

凉拌素什锦

原料： 豆腐皮 1 张，胡萝卜、豇豆、豆芽、海带各 30 克，盐、白糖、香油、姜末、葱花各适量。

做法： ①豆腐皮、胡萝卜、海带洗净，切丝；豇豆洗净，切段；豆芽洗净。②将所有食材焯熟，捞出放入盘中。③加姜末、盐、白糖、香油搅拌均匀，撒上葱花即可。

营养功效：这道菜有助于开胃去火，其鲜嫩的颜色也能增强新妈妈的食欲。

剖宫产妈妈产后 4 周以后再运动

剖宫产妈妈在生产后最初 4 周内应充分地休息，因为过度疲倦将影响伤口愈合，且易使新妈妈发生延迟性产后出血与产后感染。4 周后可以适当活动及做产后健身操，可以帮助新妈妈提早恢复肌力，增强腹肌和盆底肌肉的功能。剖宫产妈妈锻炼时应循序渐进地进行，千万不可操之过急，以免腹部伤口撕裂。

鸡丝菠菜

原料：熟鸡胸肉 100 克，菠菜 60 克，熟火腿 50 克，姜丝、盐、水淀粉各适量。

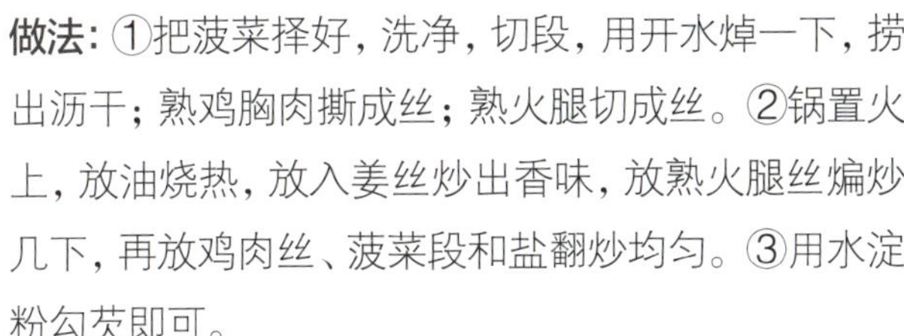

做法：①把菠菜择好，洗净，切段，用开水焯一下，捞出沥干；熟鸡胸肉撕成丝；熟火腿切成丝。②锅置火上，放油烧热，放入姜丝炒出香味，放熟火腿丝煸炒几下，再放鸡肉丝、菠菜段和盐翻炒均匀。③用水淀粉勾芡即可。

营养功效：此道菜色泽碧绿，鲜咸清香，具有温中、益气的功效，对产后新妈妈的腰酸腿疼有很好的缓解作用。

紫薯山药糕

原料：紫薯 150 克，山药 100 克，西蓝花 1 朵，炼乳适量。

做法：①紫薯、山药分别洗净，去皮，切块，蒸熟。西蓝花焯熟备用。②山药块和紫薯块中拌入适量的炼乳并混合均匀，放在碗里压平倒出，用模具扣出不同形状即可。③摆入盘中，可用西蓝花装饰。

营养功效：山药含有氨基酸、维生素 B_2、维生素 C，以及钙、磷、铁、碘等多种营养素。

新妈妈的身体变化

子宫：已经恢复到产前大小。剖宫产的新妈妈会比顺产的新妈妈恢复得稍慢一些。

伤口：基本恢复。会阴侧切的新妈妈基本感觉不到疼痛，剖宫产妈妈偶尔会觉得有些许疼痛。

胃肠：避免吃太多油腻食物。本周，新妈妈的胃肠功能基本恢复正常，哺乳妈妈要注意控制脂肪的摄入，不要吃太多油腻的食物，以免对胃肠造成不利影响以及避免乳汁变浓稠而阻塞乳腺管。

乳房：挤出多余乳汁。经过前 4 周的调养和护理，本周新妈妈乳汁分泌量增加，此时一定要注意乳房的清洁，多余的乳汁一定要挤出来。

产后第5周

本周产后恢复特别关注

继续补血：生产时失去的大量气血通过短短的1个月是补不回来的，而且新妈妈还要继续哺乳，所以此时仍需继续补血。

预防产后疼痛：新妈妈把越来越多的时间放在照顾宝宝身上，长时间抱宝宝容易引发产后腰痛、手腕痛等产后关节疼痛问题，新妈妈要提前预防，尽量避免长时间保持一个姿势。

保证充足睡眠：充足的睡眠有助于新妈妈身体恢复，同时能改善皮肤末梢的循环，预防皮肤早衰。

做好体重管理：产后6个月是恢复身材的黄金时期。产后第5周后，恢复情况较好的新妈妈可以将产后瘦身提上日程了，但由于身体仍未完全恢复，新妈妈要避免剧烈运动，也不要用节食的方法控制体重。

产后第 5 周 饮食营养指导

新妈妈不仅要照顾宝宝，还要考虑恢复体形、重回职场等一系列问题，身体和精神上的压力增大，所以本周的饮食重点应是防抑郁、润肠道。新妈妈多吃些润肠通便的食物，让自己轻松起来。

粗加工后的谷物中富含 B 族维生素，新妈妈可食用这些天然的食物来预防脱发。

补充维生素防脱发

有些新妈妈原本光泽、有韧性的头发会在产后暂时停止生长，并出现明显的脱发症状，这是受到了体内激素的影响。这种症状一般在一年之内便可自愈，新妈妈不必过分担心。如果脱发严重，可服用维生素 B_1、谷维素等，但一定要在医生指导下服用，平时新妈妈也可通过多食用杂粮来补充维生素，如糙米、小米等杂粮。

吃些枸杞子增强免疫力

枸杞子的营养成分丰富，含有大量的蛋白质、维生素、铁、锌、磷、钙等人体必需的养分，有促进和调节免疫功能、保肝和抗衰老的药理作用，具有不可替代的药用价值。另外，枸杞子所含的枸杞多糖能促进腹腔巨噬细胞的吞噬能力，具有改善人体新陈代谢、调节内分泌、促进蛋白质合成、加速肝脏解毒和受损肝细胞修复的功能。

枸杞子滋阴补阳，无论泡茶还是煲汤都可以放一些。

不宜过量吃坚果

坚果的营养价值很高，但因油脂含量高，新妈妈的消化功能相对较弱，过量食用坚果易引起消化不良。坚果的热量很高，50 克葵花子仁中所含的热量相当于 1 碗米饭，所以新妈妈每天食用 20~30 克即可。若食用过量，来自坚果多余的热量就会在体内转化成脂肪，使新妈妈发胖。

不应用鹿茸进补

新妈妈如果身体虚弱，可以在医生指导下服用药膳调理体质，但不宜服用鹿茸进补。因为有些新妈妈阴虚亏损、阳气偏旺，过量服用鹿茸可能会导致阴道不规则流血。

平衡摄入与消耗

新妈妈可以通过喂奶的方式让体内过多的营养物质通过乳汁排出，以避免体内脂肪堆积。需要注意饮食的荤素搭配，适量吃些蔬菜和水果，使摄入的能量与消耗的能量达到平衡。

多数蔬菜及水果的热量较低，适宜新妈妈感到饥饿时进行加餐。

月嫂私房话

不宜吃冷饮：虽然已经到了产后第 5 周，但也不能吃冷饮，在整个哺乳期最好都不要食用冷饮。这是因为食用冷饮不仅会导致新妈妈消化吸收功能出现障碍，还易引起腹泻，进而导致宝宝腹泻。

可吃些降暑食物：在夏季坐月子时，新妈妈如果出汗多、口渴，可以食用绿豆汤、西红柿，也可以吃些水果消暑，但还是要远离雪糕、冰激凌等冷饮。

一周私房月子餐

餐饮周计划

序号	早餐	午餐	晚餐	加餐
星期一	香菇玉米粥、水煮蛋	米饭、芦笋鸡丝汤、青椒牛肉片、麻油菠菜	什锦面、肉末豆腐羹、清炒小油菜	牛奶、家庭三明治
星期二	田园蔬菜粥、煎鸡蛋	米饭、土豆西红柿牛肉汤、清蒸鱼、糖醋白菜	菠菜板栗鸡汤、牛奶馒头、豆角炒肉丝	鸭肉粥
星期三	什锦鸡肉粥	杂粮饭、排骨玉米汤、栗子扒白菜、红烧黄花鱼	米饭、萝卜炖牛筋、香菇炒肉片、麻油苋菜	羊肝萝卜粥
星期四	水煮蛋、何首乌红枣粥	米饭、清炖鲫鱼、荔枝虾仁、炒三丝	西葫芦饼、松仁玉米、金针菇木耳鸡汤	鸡蛋时蔬沙拉
星期五	猪肝红枣粥、煎鸡蛋	菠萝虾仁炒饭、杜仲猪腰汤、芸豆烧荸荠	蔬菜饼、凉拌海蜇、胡萝卜玉米排骨汤	酸奶、香煎土司
星期六	松仁鸡肉卷、豆浆	高汤水饺、红烧牛肉、蒜蓉茄子	二米饭、豌豆鸡丝、山药五彩虾仁、紫菜鸡蛋汤	西红柿山药粥
星期日	西葫芦饼、山药奶肉羹	米饭、泥鳅红枣汤、清蒸大虾、菜心炒鸡杂	紫菜包饭、芹菜竹笋汤、茶树菇炒牛肉	牛奶、杂粮包

产后第 29 天

芦笋鸡丝汤

原料：芦笋、鸡胸肉各 100 克，金针菇 20 克，鸡蛋清、高汤、淀粉、盐、姜丝、香油各适量。

做法：①鸡胸肉切长丝，用鸡蛋清、盐、淀粉拌匀腌 20 分钟。②芦笋洗净，切成长段；金针菇洗净沥干。③锅中放入高汤，加姜丝、鸡肉丝、芦笋段、金针菇同煮，待熟后加盐，淋上香油即可。

营养功效：芦笋含有多种矿物质和氨基酸，可缓解产后水肿。

香菇玉米粥

原料：大米 30 克，玉米粒 30 克，干香菇 3 朵，猪瘦肉、胡萝卜、淀粉、盐各适量。

做法：①猪瘦肉洗净切丁，拌入淀粉；胡萝卜洗净切丁；玉米粒洗净；大米洗净拌入油。②干香菇冷水泡软，去蒂切丁。③锅中加适量清水，大火煮开后将猪瘦肉丁、玉米粒、大米、香菇丁、胡萝卜丁放入锅中，小火煮熟，加盐调味即可。

营养功效：香菇既可以提高免疫力，又不会使脂肪堆积体内。

肉末豆腐羹

原料：豆腐 100 克，肉末 50 克，水发黑木耳、水发黄花菜各 15 克、姜末、酱油、盐、水淀粉、葱花、高汤各适量。

做法：①将豆腐切丁，用开水烫一下，捞出过凉水待用。②水发黑木耳洗净；黄花菜去头尾、切段。③油锅烧热，爆香姜末，加入肉末、黄花菜段、黑木耳略炒；加高汤，调入酱油、盐，再放入豆腐煮透，淋上水淀粉，撒上葱花即可。

营养功效：此羹可补充优质蛋白质、B 族维生素和矿物质。

青椒牛肉片

原料：牛肉 200 克，青椒、红椒、盐、葱段、姜片、水淀粉各适量。

做法：①将牛肉洗净切成薄片，加盐、水淀粉抓拌均匀。②将青椒、红椒去蒂、去子，洗净，切成片。③油锅烧热后爆香葱段、姜片，取出后下入牛肉片，迅速翻炒至肉变色时盛出。④锅留底油，倒入青椒片、红椒片炒匀，加盐调味，最后倒入牛肉片翻炒均匀即可。

营养功效：牛肉蛋白质含量高，脂肪含量低，有补中益气、滋养脾胃、强健筋骨的功效，能提高机体的免疫力。

产后第 30 天

热性体质的新妈妈总会感觉身体某些部位有湿热的情况，尿量少而黄，且容易出现水肿现象。因此，热性体质的新妈妈应注意吃些有助于祛湿的食物，如山药、绿豆等。

今日饮食要点

增强免疫力

牛肉、鸡肉是新妈妈恢复元气的不错选择，可搭配西红柿、芦笋等蔬菜同食。

田园蔬菜粥

原料：西蓝花、胡萝卜、芹菜各 30 克，大米 50 克，盐、香油适量。

做法：①西蓝花、胡萝卜、芹菜分别洗净，西蓝花掰小朵，胡萝卜、芹菜切丁；大米洗净，浸泡。②锅置火上，放入大米和水，大火烧沸后改小火熬煮至熟。③放入胡萝卜丁、西蓝花、芹菜丁，略煮，最后加盐和香油调味即可。

营养功效：此粥可补充多种维生素，同时还能缓解便秘。

土豆西红柿牛肉汤

原料：牛肉 100 克，西红柿、土豆各 50 克，酱油、姜末、盐各适量。

做法：①牛肉洗净切块，用酱油、姜末、盐腌 15 分钟。②西红柿洗净去蒂，切片；土豆去皮洗净，切丁。③油锅烧热，倒入牛肉块略煎，再倒入西红柿片翻炒，加适量清水，大火煮沸转小火煮至牛肉块稍软。④倒入土豆丁煮至绵软，加盐调味，出锅即可。

营养功效：此汤能提高免疫力，是秋冬坐月子的汤中佳品。

警惕妇科炎症

分娩时，女性产道完全打开，细菌很可能会进入产道，甚至是宫颈内，而产后新妈妈身体免疫力明显下降，身体恢复期内需精心护理私处，否则易诱发妇科炎症。新妈妈一定要注意私处卫生，谨慎护理，避免使用不合格的卫生用品。一旦出现妇科炎症，要及时到医院就诊。

菠菜板栗鸡汤

原料：鸡翅 150 克，板栗 50 克，菠菜 100 克，姜片、葱花、盐、酱油各适量。

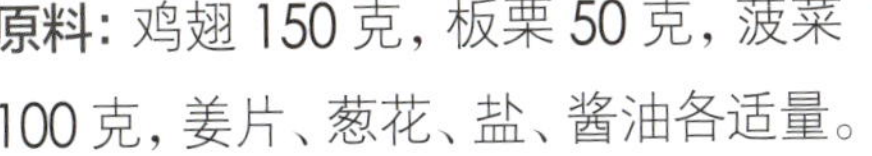

做法：①鸡翅洗净，入沸水中汆烫；板栗煮熟，剥壳去皮取肉；菠菜洗净、切段，放入沸水中烫一下，捞出。②将姜片放入油锅中爆香，放入鸡翅煎至两面金黄，倒入酱油、板栗，加入适量清水煮开。③用小火焖至鸡翅、板栗熟烂后放入菠菜，加盐稍煮，点缀葱花即可。

营养功效：板栗能供给人体较多的能量，并具有益气健脾的作用。

鸭肉粥

原料：大米 30 克，鸭肉 30 克，葱花、姜丝、盐、香油各适量。

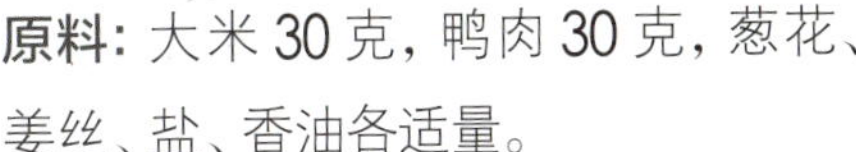

做法：①鸭肉洗净后切丝。②大米洗净，加水和鸭肉丝、姜丝用大火煮开，转用小火慢煮至软烂，出锅时放入盐、滴入香油、撒上葱花即可。

营养功效：鸭肉粥味道鲜美，营养价值高，十分滋补。

产后第 31 天

新妈妈的饮食应遵循食物品种多样化的原则，可以用五色食材进行搭配，即黑、绿、红、黄、白色食材尽量都能吃到，既增加食欲，又能均衡营养。新妈妈尽量不要依靠服用营养品来代替饭菜，食用营养均衡的饭菜，经过人体自身消化，做到科学、健康地进补。

今日饮食要点

注重饮食搭配

此时过于肥胖的新妈妈可选择少油、少糖、少脂肪的食物，适当减少白肉的摄入。

排骨玉米汤

原料： 排骨段 500 克，玉米、胡萝卜、盐、姜片各适量。

做法： ①排骨段汆去血水，捞出沥干；玉米洗净切段，胡萝卜洗净去皮、切块。②将排骨段、玉米段、胡萝卜块、姜片放入锅中，加入清水，调入盐，大火煮沸后改小火焖 2 小时至排骨软烂即可。

营养功效：玉米中含有丰富的膳食纤维，能促进新妈妈肠道蠕动。

什锦鸡粥

原料： 鸡翅 1 个，香菇 3 朵，大米 100 克，青菜、葱花、姜末、盐适量。

做法： ①鸡翅洗净；香菇洗净切片；青菜洗净切段；大米洗净。②锅内倒入清水，放大米，中火煮 20 分钟，再放入姜末、鸡翅、香菇煮约 10 分钟，最后加入青菜，放入盐拌匀，待粥熟后装入碗内，撒上葱花即可。

营养功效：此粥含有丰富的营养素，可以滋养五脏、补血益气，提高免疫力。

月嫂私房话

常用热水泡脚

俗话说："热水洗脚，胜吃补药。"对坐月子的新妈妈来说，热水泡脚既保健又解乏，因此每天用热水泡泡脚，对恢复体力、促进血液循环、解除肌肉和精神疲劳大有好处，睡前泡脚还有镇静安神的效果，有利于睡眠。

在泡脚时，不断地按摩脚趾和足心至身体微微出汗，效果会更好。月子里泡脚也可以在水中放一些艾叶或者艾条，每周一两次即可。

萝卜炖牛筋

原料：牛筋、白萝卜各150克，彩椒丝、姜片、米酒、盐各适量。

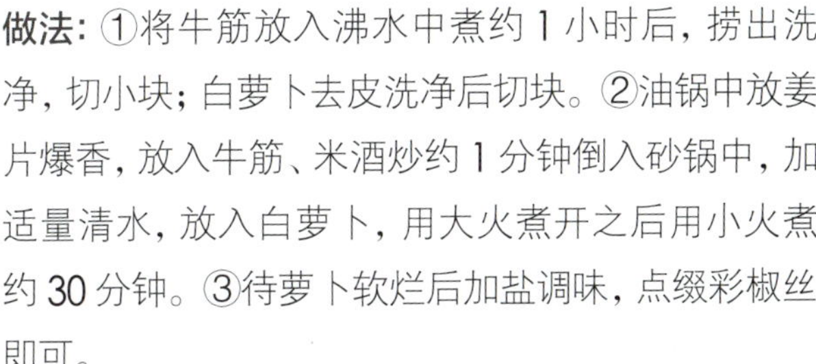

做法：①将牛筋放入沸水中煮约1小时后，捞出洗净，切小块；白萝卜去皮洗净后切块。②油锅中放姜片爆香，放入牛筋、米酒炒约1分钟倒入砂锅中，加适量清水，放入白萝卜，用大火煮开之后用小火煮约30分钟。③待萝卜软烂后加盐调味，点缀彩椒丝即可。

营养功效：牛筋中含丰富的胶原蛋白，能使皮肤更富有弹性和韧性。

羊肝胡萝卜粥

原料：羊肝、胡萝卜各50克，大米30克，料酒、葱花、姜末、盐各适量。

做法：①羊肝洗净，切片；胡萝卜洗净，切小丁；大米洗净。②羊肝用姜末、料酒腌10分钟。③油锅烧热，倒入羊肝炒熟备用。④大米用大火熬成粥后，加入胡萝卜丁焖煮10~20分钟，再加入羊肝、盐和葱花调味即可。

营养功效：羊肝含铁丰富，且含有丰富的维生素B_2，有助于新妈妈补血，促进身体健康。

产后第 32 天

有些新妈妈由于体内激素的变化，会出现眼花的症状。不用担心，坐月子时只要注意少用眼，多吃一些对眼睛有益的食物，过一段时间，眼花的症状就会减轻。

今日饮食要点

吃些胡萝卜缓解眼花

如果新妈妈出现眼花的症状，多吃些胡萝卜、橙子等可以缓解此症状。

清炖鲫鱼

原料：鲫鱼 1 条，大白菜 100 克，豆腐 50 克，冬笋片、水发木耳、姜片、盐各适量。

做法：①鲫鱼去鳞及内脏，洗净后，放入锅中加油煎炸至两面微黄，放入姜片，加适量清水煮开。②洗净的大白菜切片，豆腐切成小块。③将大白菜片、豆腐块、冬笋片、水发木耳放入鲫鱼汤中，中火煮熟后，加盐调味即可。

营养功效：大白菜和木耳富含多种营养成分，有养血活血的作用；豆腐中含有大量的钙及卵磷脂。

何首乌红枣粥

原料：大米、何首乌各 30 克，红枣适量。

做法：①红枣洗净，取出枣核，留枣肉；大米洗净，用清水浸泡 30 分钟。②何首乌洗净，切碎，按何首乌与清水 1∶10 的比例，将何首乌放入清水中浸泡 2 小时，浸泡后用小火煎煮 1 小时，去渣取汁。③再将大米、红枣、何首乌汁一同放入锅内，小火煮成粥即可。

营养功效：何首乌红枣粥有补血、安神的作用，是产后新妈妈的常见补品。

月嫂私房话

新妈妈感冒了如何喂奶

刚出生不久的宝宝自身带有一定的免疫力，新妈妈不用过分担心感冒会传给宝宝，而不敢喂奶。如果感冒并伴有高热，可暂停母乳喂养1~2天，停止喂养期间，要常把乳汁挤出，以免影响乳汁分泌。

松仁玉米

原料： 甜玉米粒160克，松子50克，豌豆、胡萝卜丁各10克，姜片、盐、香油、水淀粉各适量。

做法： ①松子用小火焙至上色后立即取出，备用。②将胡萝卜丁、豌豆和甜玉米粒焯水后，捞出沥干。③锅中加入少许油，小火爆香姜片后取出，倒入松子和所有焯好的食材，转中火快速翻炒。④调入盐炒匀后勾入适量水淀粉，最后滴入少量香油即可。

营养功效：此菜味道香甜，对脾肺气虚、肺燥咳嗽、皮肤干燥、大便干结有一定效果，同时也是预防产后肥胖症的良好膳食。

荔枝虾仁

原料： 虾仁100克，荔枝100克，鸡蛋1个(取蛋清)，盐、水淀粉、葱花、姜末各适量。

做法： ①将虾仁洗净，开背，加盐、鸡蛋清、水淀粉拌匀。②将荔枝去皮，去核，荔枝肉切成块备用。③将盐加入水淀粉中，调匀成调味汁备用。④炒锅倒油烧至六成热，放入虾仁炒熟，再放入葱花、姜末、荔枝肉略炒，烹入调味汁炒匀，最后撒葱花点缀即可。

营养功效：此菜含有丰富的营养，味道鲜美，适合产后食欲不佳的新妈妈食用。

产后第 33 天

新妈妈每天的喂奶时间在延长，坐的时间比较多，细心的家人应该给新妈妈准备一个柔软而舒服的大靠垫，避免因久坐而腰酸背痛。

今日饮食要点

吃些杜仲缓解腰酸背痛

适量吃些杜仲，可减轻产后乏力、晕眩、小便频繁、腰酸背痛等不适。

杜仲猪腰汤

原料： 猪腰 1 个，杜仲 20 克，红枣 3 颗，葱段、姜片、盐、黄酒各适量。

做法： ①猪腰洗净，剔除腰臊后切花刀片，沸水中加入适量黄酒，腰花汆烫后捞出。②杜仲洗净，放入砂锅中，加清水后用大火煮开，转小火煮成浓汁。③砂锅中加葱段、姜片、腰片、红枣同煮至熟，加盐调味即可。

营养功效：杜仲有助于增强腰部力量，减轻乏力、小便频繁等不适。

猪肝红枣粥

原料： 猪肝 50 克，红枣适量，菠菜 50 克，大米 30 克，盐、淀粉、香油、姜丝各适量。

做法： ①猪肝洗净切片，用盐、淀粉、香油、姜丝腌制；红枣去核洗净，菠菜洗净，切长段。②大米洗净，用清水泡 30 分钟。③将大米同泡过的清水放入锅内，大火煮沸后，转小火煮 20 分钟，放红枣煮至大米熟透。④将猪肝、菠菜段放入锅内煮熟，出锅时盐调味即可。

营养功效：猪肝红枣粥益气补血、健脾壮骨，可预防缺铁性贫血。

月嫂私房话

二胎大龄妈妈预防关节疼痛

二胎大龄妈妈坐月子时，出现关节疼痛的概率比较大，这可能与孕妈妈机体调节能力减退有关。也有些是由于二胎妈妈体质变化后，没有注意保养导致的。

科学地坐月子，坐、立、行走、哺乳都应注意姿势，注意保暖以促进血液循环，增强新陈代谢。适当锻炼，促进肌肉恢复，增强自我调节能力，可缓解关节疼痛。如果出现关节疼痛剧烈且有高热者，要及时到医院就诊。

凉拌海蜇

原料：海蜇皮200克，黄瓜50克，红椒丝、醋、白糖、盐、姜末、香油各适量。

做法：①将海蜇皮放在清水中浸泡2小时，再充分洗净，切成细丝。②用热水把海蜇丝略烫一下，立刻捞出沥干，凉凉。③把姜末、醋、白糖、盐、香油放在一起，调成小料；黄瓜洗净，切成丝。④先把海蜇丝放在盘里，再把黄瓜丝、红椒丝撒在上面，浇上小料拌匀即可。

营养功效：海蜇有清热解毒、降压消肿的功效，能有效改善新妈妈的水肿问题。

菠萝虾仁炒饭

原料：虾仁80克，豌豆100克，米饭150克，菠萝50克，葱花、盐、香油各适量。

做法：①虾仁洗净切粒；菠萝肉切小丁；豌豆洗净，入沸水焯烫。②油锅烧热，爆香葱花，加入虾仁炒至八成熟，加豌豆、米饭、菠萝丁快炒至饭粒散开，加盐、香油调味即可。

营养功效：新妈妈吃这道炒饭可补充充足的维生素和碳水化合物。

产后第 34 天

由于需要哺乳，哺乳妈妈可能会经常感到饥饿，此时不能为了减肥而节食，也不能感到饿了就暴饮暴食，这样都不利于自身健康和保持身材。哺乳妈妈饿的时候可以喝点果汁、粥等低脂肪的食物来补充能量。

今日饮食要点

坚持喝牛奶

牛奶有改善皮肤细胞活性、延缓皮肤衰老、增强皮肤张力、保持皮肤润泽细嫩的作用。

红烧牛肉

原料： 熟牛肉、土豆、胡萝卜各 100 克，姜片、酱油、白糖、葱花、盐各适量。

做法： ①将牛肉洗净后切成块。②土豆、胡萝卜去皮洗净后切成块。③姜片在油锅中爆香，放入牛肉翻炒，调酱油、白糖，加适量清水，用中火烧开。④放入土豆块、胡萝卜块，待牛肉熟烂，加盐调味，装盘撒上葱花即可。

营养功效：牛肉可以增强免疫力，有助于产后妈妈身体的恢复。

西红柿山药粥

原料： 西红柿 1 个，山药 50 克，大米 50 克，盐适量。

做法： ①山药去皮，洗净，切片；西红柿洗净，切块；大米洗净，备用。②将大米、山药放入锅中，加适量水，用大火煮沸。③转用小火煮至粥状，加入西红柿块，煮 10 分钟，加盐调味即可。

营养功效：西红柿具有生津止渴、健胃消食、增强食欲等功效；山药是补益类的良药，可健脾胃。

睡美容觉

如果立志做一个美丽辣妈，就要努力做到每天睡个“美容觉”，这可是最经济、最天然的美容方法。新妈妈最好在晚上10点前入睡，最晚不要超过晚上11点，这样有助于促进皮肤新陈代谢。此外，睡前要清洁皮肤，尤其是油性肌肤的新妈妈，油脂容易堵塞毛孔，如果睡前不把灰尘、油脂洗掉，会使皮肤越来越差。

豌豆鸡丝

原料：豌豆150克，熟鸡肉丝100克，姜片、盐、香油、水淀粉各适量。

做法：①将洗净的豌豆放入开水中焯烫至熟，捞出用凉水冲洗，控干水分，备用。②在锅中将姜片爆香，放入豌豆、鸡肉丝煸炒，再加入盐。③待豌豆、鸡肉丝入味后，用水淀粉勾芡，翻炒均匀加入香油调味即可。

此菜品清爽可口，制作简便，加餐时食用也不错。

营养功效：豌豆中的蛋白质含量丰富，并且含有多种人体所必需的氨基酸，常吃有助于增强人体免疫功能。

高汤水饺

原料：猪肉200克，芹菜100克，面粉、高汤、盐、葱花、姜末、酱油、香油、鸡蛋清、淀粉各适量。

做法：①芹菜洗净切碎。②猪肉洗净，剁泥，加酱油、盐、姜末、蛋清、香油、淀粉、葱花拌匀，加芹菜碎调成馅。③面粉和成面团搓成细条，揪剂，擀薄皮，放入馅包成水饺。④锅中放清水，大火烧开，放入包好的饺子，煮熟捞出，再放入煮沸的高汤中，加葱花即可。

营养功效：此水饺富含蛋白质及多种维生素等，有滋补作用。

产后第 35 天

新妈妈每天晨起后喝 1 杯白开水，可以养生。夜晚睡觉时，身体在消化、呼吸的过程中消耗了体内大量的水分，起床后，人的身体会处于生理性的缺水状态，所以早晨及时补充水分对身体很有好处。

今日饮食要点

缓解妊娠纹

新妈妈可吃些富含维生素 E 的食物，如黄豆、豌豆、茭白等，能滋润皮肤，缓解妊娠纹。

山药奶肉羹

原料：瘦羊肉 150 克，山药 50 克，鲜牛奶 120 毫升，盐、姜片、葱花各适量。

做法：①羊肉洗净，切片、汆水；山药去皮，洗净，切片。②将羊肉、山药片、姜片放入锅内，加入适量清水，小火炖煮至肉烂，出锅前加入鲜牛奶和盐，稍煮，起锅后撒上葱花即可。

营养功效：此羹益气补虚、温中暖下，适用于新妈妈疲倦气短、失眠等症。

泥鳅红枣汤

原料：泥鳅 5 条，红枣 10 颗，姜片、盐各适量。

做法：①泥鳅洗净，烧开水，放进六七成热的水中，去掉黏液后，再用清水洗净；红枣洗净，去核。②洗好的泥鳅放进油锅中煎香。③加入红枣、姜片，注入清水用大火烧开，然后转小火煮 20~30 分钟，最后加盐调味即可。

营养功效：泥鳅暖脾健胃，红枣补气养血。二者搭配，能增强新妈妈体力，还有催乳的功效。

月嫂私房话

缓解妊娠纹的方法

大多数新妈妈都有妊娠纹，不用担心，可以通过以下巧妙的方法淡化妊娠纹：

1. 新妈妈产后无论多忙都要保证每天 8 小时以上的睡眠，以调整体内激素的分泌。

2. 新妈妈在坐月子时，少吃甜腻、油炸、刺激性强的食物，多吃新鲜蔬菜和水果。每天保证喝 6~8 杯白开水。

3. 新妈妈要经常洗澡，洗澡可以促进身体血液循环，有利于淡化妊娠纹。

芹菜竹笋汤

原料： 芹菜 100 克，竹笋、猪肉丝、盐、淀粉、高汤、香油、姜片各适量。

做法： ①芹菜择洗干净，切段；竹笋洗净，切丝；猪肉丝用盐、淀粉、香油腌约 5 分钟。②姜片和高汤倒入锅中煮开后，放入芹菜、笋丝，煮至芹菜变软，再加入肉丝。③待汤煮沸、肉熟透后加入盐、香油调味即可。

营养功效： 竹笋低脂肪、低糖、多膳食纤维，能促进肠道蠕动，帮助消化，预防便秘。

西葫芦饼

原料： 面粉 100 克，西葫芦 80 克，鸡蛋 2 个，盐适量。

做法： ①鸡蛋打散，加盐调味；西葫芦洗净，切丝。②将西葫芦丝放进蛋液里，加入面粉、盐和适量水，搅拌均匀。如果面糊稀了就加适量面粉，如果稠了就加一个鸡蛋。③锅里放油，将面糊放进去摊成饼状，煎至两面金黄取出即可。

营养功效： 西葫芦饼符合新妈妈清淡、少盐的饮食原则。

新妈妈的身体变化

乳房：乳房下垂程度加重。在这一关键时期，新妈妈一定要戴文胸，同时要注意乳房卫生，防止发生感染。

胃肠：胃肠道基本上没有什么不适感。瘦身食谱的使用令胃肠道变得很轻松。

子宫：子宫完全恢复。本周新妈妈的子宫已经复原，子宫体积收缩到原来大小。

月经：上一周恶露已经完全排尽，但有些新妈妈发现已经开始来月经了。产后首次月经的恢复及排卵的时间都会受哺乳影响，不哺乳的妈妈通常在产后6~10周就可能出现月经，而哺乳妈妈的月经恢复时间一般会延迟。

产后第6周

本周产后恢复特别关注

增加运动量： 适当做些简单的家务，为恢复正常生活打好基础。

抢回记忆力： 缓解压力，做脑力游戏，改善记忆力。

健康瘦身： 产后瘦身不能忽视营养摄入，也不宜节食减肥。

做亲子操： 做做亲子操，增进母婴感情，同时可以促进宝宝的发育。

做产后检查： 产后 42 天一定要进行产后检查，以确定身体的恢复情况。

产后第 6 周 饮食营养指导

月子即将结束了，新妈妈的身体复原得差不多了，照顾宝宝也得心应手了。本周新妈妈的饮食重点宜放在促进新陈代谢上，为瘦身养颜做好准备。

可加入养颜食材

新妈妈分娩后体内的雌性激素恢复到先前的水平，皮肤易变得粗糙、松弛，产生细纹，妊娠纹更加明显。本周新妈妈可适时地增加养颜食材，为健康和美丽加分。例如，含有丰富维生素 C 的新鲜蔬果具有消褪黑色素的作用；牛奶能改善皮肤细胞活性，延缓衰老，保持皮肤润泽细嫩。

1 天吃 2 顿不可行

有些新妈妈在产后第 6 周为了尽快瘦身，采用 1 天只吃早午两餐，晚餐不吃的做法。这种做法会使身体的新陈代谢率降低，不仅达不到瘦身的目的，还会引起一系列胃肠疾病。建议新妈妈每天定时定量吃饭，白天的活动量较晚上大，因此早餐和午餐可以吃得相对多一些，而晚上活动量减少，可吃得少一些。

不要用过午不食来瘦身，效果不佳且对产后恢复无益。

贫血时忌瘦身

如果分娩时失血过多，会造成贫血，使产后恢复缓慢，在没有解决贫血的基础上瘦身势必会加重贫血。所以，产后新妈妈若贫血就一定不能减肥，要多吃含铁丰富的食物，如鱼类、肉类、动物肝脏、鸭血等。

产后不要用药物减肥

产后减肥需要从膳食、锻炼等多方面考虑。月子期和哺乳期禁食减肥药和减肥茶。冬瓜薏米汤、什锦水果羹、桃仁莲藕汤对瘦身美颜大有益处，新妈妈在这期间可以食用，但要合理搭配，均衡营养，不宜偏食。

便秘时不要瘦身

产后水分的大量排出和胃肠失调极易引发便秘，而新妈妈便秘时不宜瘦身，应有意识地多喝水和多吃富含膳食纤维的蔬菜，如莲藕、芹菜等，便秘较严重时也可以多喝酸奶。

月嫂私房话

“饮食＋运动”瘦身：新妈妈在身体恢复得不错的情况下，可以从饮食和运动两方面达到瘦身的效果。饮食要清淡，在滋补的同时多吃一些蔬菜、水果和各类谷物。此外，可适当进行瘦身锻炼，但是锻炼的时间不可过长，运动量也不能过大，要注意循序渐进，逐渐增加运动量。

一周私房月子餐

餐饮周计划

序号	早餐	午餐	晚餐	加餐
星期一	什锦海鲜面	玉米饭、雪菜豆腐汤、藕拌黄花菜、彩椒炒猪肝	豆浆莴笋汤、牛肉饼、菜心炒肉	酸奶、坚果
星期二	核桃仁百合粥、水煮蛋	二米饭、丝瓜豆腐鱼头汤、芦笋炒牛肉、芝麻圆白菜	土豆饼、木瓜竹荪炖排骨、宫保素三丁	牛奶、小蛋糕
星期三	玉米面发糕、滑蛋牛肉粥	紫米饭、归芪炖鸡汤、响油腐竹、芹菜炒肉丝	米饭、虫草花瘦肉汤、京酱西葫芦、松子爆鸡丁	核桃仁莲藕汤
星期四	香菇鸡肉面	米饭、黑豆桂圆红枣汤、小米蒸排骨、胭脂冬瓜球	红豆米饭、豆芽木耳汤、金针菇拌肚丝、秋葵炒蛋	南瓜油菜粥
星期五	羊肉粉丝汤	米饭、白斩鸡、海米海带丝、肉丸汤	西葫芦饼、南瓜蒸肉、花生鸡爪汤、奶汁烩生菜	枣莲三宝粥
星期六	水煮蛋、红薯山楂绿豆粥	鳗鱼饭、西红柿牛肉汤、菠菜炒鸡蛋	二米饭、薏米冬瓜老鸭汤、山药香菇鸡、爽口圆白菜	牛奶、全面面包
星期日	莲藕瘦肉面片粥、炒合菜	米饭、山药排骨汤、冬笋冬菇扒油菜、翡翠豆腐羹	三鲜水饺、荷包蛋鲫鱼汤、双鲜拌金针菇	蜜汁南瓜

产后第 36 天

雪菜豆腐汤

原料：雪菜、豆腐各 50 克，虾仁、高汤、姜片、盐、香油各适量。

做法：①雪菜洗净，切成末；豆腐切成块，放入清水中；虾仁洗净。②将姜片放入油锅爆香，放入雪菜翻炒片刻，加入适量高汤，煮沸后放入豆腐略煮，再放入虾仁煮熟，加入盐、香油即可。

营养功效：雪菜豆腐汤含有蛋白质、钙及维生素，有补钙、生肌、润肠胃、增进食欲的功效。

藕拌黄花菜

原料: 莲藕1节,干黄花菜30克,盐、葱花、香油、姜片、水淀粉各适量。

做法: ①将莲藕削皮洗净,切片,放入开水锅中略煮一下,捞出。②干黄花菜用冷水泡后,洗净去梗,沥干。③将姜片放入油锅中爆香,然后放入莲藕和黄花菜煸炒,加入盐,炒至黄花菜熟透,用水淀粉勾芡,滴入香油后出锅,撒上葱花即可。

营养功效: 黄花菜有止血、消炎、清热、利湿、明目、安神等功效。

豆浆莴笋汤

原料: 莴笋100克,豆浆200毫升,姜片、葱段、盐各适量。

做法: ①将莴笋去皮洗净,切成条。②将锅置大火上,倒入油,烧至六成热时放姜片、葱段稍煸炒出香味,放入莴笋条、盐,大火炒至断生。③拣去姜片、葱段,倒入豆浆,放入盐,煮熟即可。

营养功效: 对牛奶有乳糖不耐受现象的妈妈,可以选择用豆浆来代替牛奶。

什锦海鲜面

原料: 面条50克,蛤蜊5个,虾2只,鱿鱼1条,鲑鱼肉20克,泡发香菇2朵,里脊肉15克,姜丝、葱段、葱花、香油、盐各适量。

做法: ①虾洗净,去壳、去虾线;鱿鱼处理干净,切花刀、汆烫;里脊肉、鲑鱼肉分别切片;蛤蜊吐沙、洗净。②油锅烧热,放葱段、姜丝和里脊肉片炒香,之后放入虾仁、蛤蜊、香菇和水煮开。③将鱿鱼、鲑鱼肉煮熟,加盐、香油后盛入碗中;放入煮熟的面条,撒葱花即可。

营养功效: 此面有助于养脾胃、强健筋骨、提高机体免疫力。

产后第 37 天

哺乳妈妈一方面要为瘦身做准备，一方面还要照顾到宝宝的营养，所以要在均衡营养的同时吃一些瘦身的食物，如竹荪、魔芋、豆腐等。

今日饮食要点

关注食物中的碳水化合物含量

新妈妈要学会看营养成分表，食物中的碳水化合物含量高也会造成体内脂肪堆积。

木瓜竹荪炖排骨

原料： 排骨段 300 克，竹荪 10 克，木瓜半个，盐、姜片适量。

做法： ①洗净后的排骨段冷水下锅，氽去血水后捞出。②竹荪用盐水泡发后，去头尾，剪小段，洗净；木瓜去皮、去子，切块。③木瓜块、竹荪段、排骨段、姜片一起放入砂锅中，加水炖 1 小时，出锅前加盐调味即可。

营养功效：竹荪营养丰富，适量食用有助于减少体内脂肪堆积。

丝瓜豆腐鱼头汤

原料： 鱼头半个，丝瓜、豆腐各 100 克，姜片、彩椒丝、盐各适量。

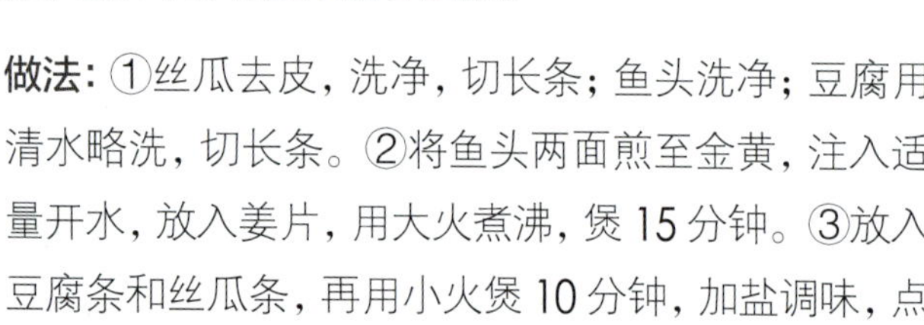

做法： ①丝瓜去皮，洗净，切长条；鱼头洗净；豆腐用清水略洗，切长条。②将鱼头两面煎至金黄，注入适量开水，放入姜片，用大火煮沸，煲 15 分钟。③放入豆腐条和丝瓜条，再用小火煲 10 分钟，加盐调味，点缀上彩椒丝即可。

营养功效：丝瓜清热解毒，鱼头含有丰富的蛋白质，此汤能为新妈妈提供充足的营养。

产后眼花、视力下降不容忽视

月子期间，有些新妈妈会出现眼花的症状。不用担心，坐月子时只要注意少用眼，多吃一些对眼睛有益的食物，眼花的症状就会减轻。

有些新妈妈如果出现“眼冒金星”的现象，或是感到眼前有小黑点儿移动，视力模糊，则不要掉以轻心，应及时去眼科做个全面检查。因为这种现象往往是高血压的表现，新妈妈一旦患上高血压，需及时治疗，以免造成更大的健康隐患。

核桃仁百合粥

原料： 核桃仁、鲜百合各 20 克，黑芝麻 10 克，大米 50 克。

做法： ①鲜百合掰成片、洗净；大米洗净，用清水浸泡 30 分钟，备用。②将大米、核桃仁、黑芝麻一起放入锅中，加适量清水，用大火煮沸。③改用小火继续煮至大米熟透，再放入鲜百合煮 3 分钟即可。

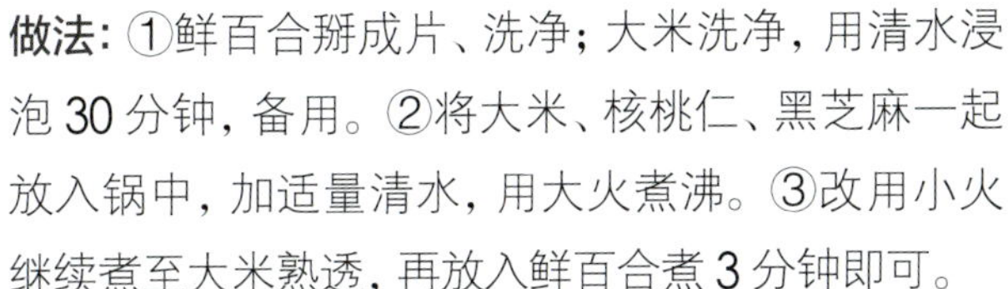

营养功效：核桃有补血养气、润燥通便等功效；百合能够清心安神，帮助新妈妈缓解疲劳。

芝麻圆白菜

原料： 圆白菜半棵，黑芝麻 1 小把，姜丝、香油、盐适量。

做法： ①将黑芝麻用小火炒出香味。②圆白菜洗净，切粗丝。③油锅烧至七成热，爆香姜丝，放入圆白菜，翻炒至熟透发软，加盐和香油调味，撒上黑芝麻拌匀即可。

营养功效：圆白菜富含维生素 C、维生素 E 等营养成分。这道菜清淡爽口，适合哺乳妈妈食用。

产后第 38 天

新妈妈可以在起床后喝杯温开水，也可以选择淡蜂蜜水或蔬果汁，这些都能够加速肠胃的蠕动，促进新妈妈体内积累的毒素、代谢物排出体外，从而达到健康瘦身的目的。

今日饮食要点

适量吃些木耳

木耳含有膳食纤维，能促进肠道蠕动，用木耳熬汤能有效预防新妈妈便秘。

核桃仁莲藕汤

原料：核桃仁 10 克，莲藕 150 克，白糖适量。

做法：①莲藕洗净，切成片，备用。②将核桃仁、莲藕片放入锅内，加清水用小火煮至莲藕绵软。③出锅时加适量白糖调味即可。

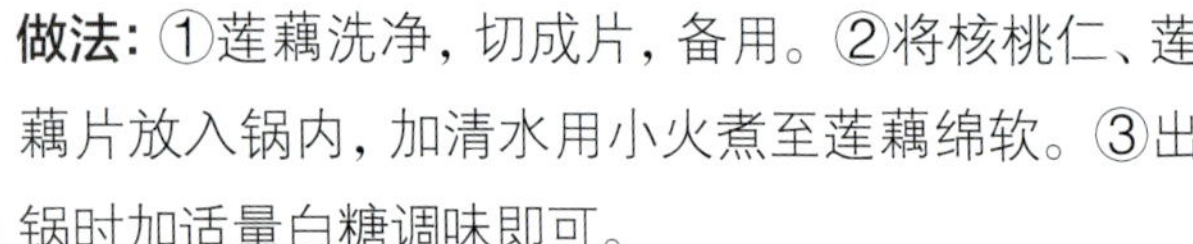

营养功效：此汤有助于新妈妈健脾开胃、止血散瘀、健脑益智。

滑蛋牛肉粥

原料：牛肉、大米、糯米各 30 克，鸡蛋 1 个，葱花、姜丝、香油、盐各适量。

做法：①大米、糯米用清水浸泡；牛肉洗净切丁；鸡蛋取蛋黄，打散后下油锅滑炒成蛋黄碎；蛋清放入牛肉丁中拌匀。②锅中加水，放入大米、糯米，大火煮开后转小火煮至米开花。③加入姜丝、牛肉丁、蛋黄碎，稍煮片刻后加入盐、香油，煮沸起锅，撒上葱花即可。

营养功效：此粥具有补脾胃、益气血、除湿气、消水肿、强筋骨等作用。

缓解头疼的办法

如果新妈妈已经有头疼的症状，需注意休息，以及时缓解症状。头疼严重的要及时就医，不可自行服药。当头疼发作时，不妨在光线较暗、四周安静的房间里睡一会儿，或者按摩头部的太阳穴，以有效缓解头疼。另外，也可以通过食疗的方法缓解头疼。

玉米面发糕

原料： 面粉 250 克、玉米面 125 克，红枣、酵母粉、白糖、温水各适量。

做法： ①将面粉、玉米面、白糖放入盆中混合均匀，酵母粉溶于温水后倒入混合粉中，揉成面团。②模具刷油，将面团放入模具中铺平。③红枣洗净，去核切成两半，铺在面团上，面团放于温暖处饧发 40 分钟左右至 2 倍大。④开大火，蒸 20 分钟，取出，取下模具，切块即可。

营养功效：玉米中的膳食纤维，具有刺激胃肠蠕动、促进排便的特性，可预防便秘。

香油腐竹

原料： 胡萝卜 50 克，腐竹 20 克，生抽、白糖、葱、姜、香油、盐各适量。

做法： ①腐竹用水浸泡 2~4 小时，泡发后切段；胡萝卜切成菱形片；葱、姜切成丝。②水烧沸，放入胡萝卜片、腐竹段焯熟，捞出沥干。③放入生抽、白糖、香油、盐拌匀装盘，摆上葱丝、姜丝，淋上热油即可。

营养功效：此菜品有助于补钙健脑、清热润肺、增强免疫力。

产后第 39 天

新妈妈即使要控制体重，也要吃好一日三餐，早餐应以暖、软食物为主，午餐以营养丰富的食材为主，晚餐则要清淡、不油腻。

今日饮食要点

提高免疫力

新妈妈适当喝一些鸡汤，多食用香菇、豆腐，既可以提高免疫力，又不会使脂肪在体内堆积。

香菇鸡肉面

原料：面条 200 克，鸡胸肉 100 克，油菜、香菇各 20 克，鸡汤、姜片、盐各适量。

做法：①鸡胸肉洗净，切片。②油菜、香菇洗净，香菇切十字花刀；面条煮熟，盛入碗中。③油锅爆香姜片，加入鸡胸肉翻炒片刻，加鸡汤煮开，放入香菇，调入盐，烧开后加油菜煮熟，浇入面碗中即可。

营养功效：此面富含维生素及矿物质，新妈妈补充体力的同时又不易长胖。

南瓜油菜粥

原料：大米 50 克，南瓜 40 克，油菜 20 克，盐适量。

做法：①南瓜去皮，去子，洗净切成小丁；油菜洗净，切碎；大米淘洗干净。②锅中放入大米和清水，先煮至大米开花，再放入南瓜丁煮熟，最后放入油菜略煮，加盐调味即可。

营养功效：此粥味道可口，容易消化，还可预防新妈妈便秘。

良好生活方式为瘦身保驾护航

月子里的新妈妈可能会觉得很累，因为要白天黑夜地照顾小宝宝、喂奶等，作息规律可能会被彻底打乱，这也是导致产后变胖的原因之一。

有研究显示，作息时间不规律、整天待在家中会大大延缓产后瘦身的速度，产后新妈妈要改变这种情况。

豆芽木耳汤

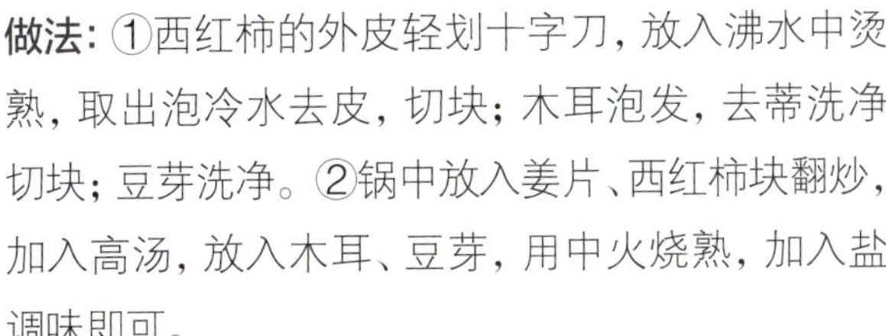

原料：豆芽 100 克，木耳 10 克，西红柿 1 个，高汤、盐各适量。

做法：①西红柿的外皮轻划十字刀，放入沸水中烫熟，取出泡冷水去皮，切块；木耳泡发，去蒂洗净切块；豆芽洗净。②锅中放入姜片、西红柿块翻炒，加入高汤，放入木耳、豆芽，用中火烧熟，加入盐调味即可。

营养功效：豆芽富含维生素 C，且热量低；木耳口感细嫩，味道鲜美，还能提高免疫力，很适合产后妈妈食用。

黑豆桂圆红枣汤

原料：黑豆 50 克，红枣 2 颗，桂圆肉 15 克，冰糖适量。

做法：①将黑豆、红枣、桂圆肉洗净，在清水中浸泡。②将泡好的红枣去核；锅内放适量水，将泡好的黑豆、红枣、桂圆肉一起放入锅里，用小火煮 1 小时。③撇去汤表面的浮沫，等到水熬得比原来减少 1/3 左右时，放入冰糖调味即可。

营养功效：黑豆、桂圆和红枣是美容乌发、补血补气的“黄金组合”。

产后第 40 天

新妈妈不要为了尽早恢复身材而过于偏食素菜，一定要保证每天摄入足够的蛋白质，饮食要荤素搭配。

今日饮食要点

坚持荤素搭配

新妈妈切记不要为了减肥而盲目节食，以坚持荤素搭配为宜。

南瓜蒸肉

原料：小南瓜 1 个，猪肉 150 克，酱油、姜末、白糖、葱末各适量。

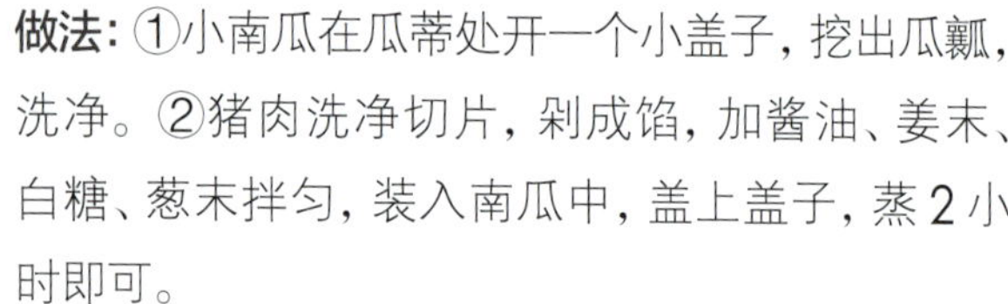

做法：①小南瓜在瓜蒂处开一个小盖子，挖出瓜瓤，洗净。②猪肉洗净切片，剁成馅，加酱油、姜末、白糖、葱末拌匀，装入南瓜中，盖上盖子，蒸 2 小时即可。

营养功效：此菜可为新妈妈补充蛋白质和维生素，既补充营养，还不增重。

白斩鸡

原料：三黄鸡半只，葱末、姜末、葱花、香油、醋、盐、生抽、白糖各适量。

做法：①鸡处理洗净，放入热水锅中，用小火焖 20 分钟，至鸡肉熟透。②葱末、姜末一同放入小碗里，再加白糖、盐、醋、生抽、香油，用浸过鸡的高汤将其调匀。③接着把鸡拿出来剁小块，放入盘中，把调好的汁浇到鸡块上，撒上葱花即可。

营养功效：此道菜品保留了鸡肉的原汁原味，蘸食的方法会带给新妈妈不一样的口感，既补充了营养，又享受了美味。

月嫂私房话

养成好动的生活习惯

有些新妈妈总说没时间运动，其实在我们生活中有很多运动的机会，不妨从养成“好动”的生活习惯开始，如走路、爬楼梯、做家务等。利用这些琐碎的时间进行运动，虽然这些活动每小时消耗的热量较少，但因为持续的时间相对较长，所以积累下来所消耗的热量有时会比从事特定单项运动还高。养成“好动”的生活习惯，就不用为没有时间运动而发愁了。

羊肉粉丝汤

原料： 羊肉150克，干粉丝20克，虾、葱花、姜丝、醋、香菜段、盐各适量。

做法： ①将羊肉洗净，切片，汆去血水；虾洗净，去虾线；粉丝用温水浸泡。②锅中放油，爆香姜丝，放入羊肉片煸炒至干，加醋。③倒入适量清水，大火煮开后改用小火焖煮至羊肉熟烂，加盐调味，再放入虾、粉丝，煮熟装碗，撒上葱花、香菜段即可。

营养功效：羊肉与粉丝等食物共煮制成汤，有滋补强身的作用。

枣莲三宝粥

原料： 绿豆20克，大米80克，红枣5颗，莲子、白糖各适量。

做法： ①绿豆、大米淘洗干净；莲子、红枣洗净，红枣去核。②将绿豆和莲子放在带盖的容器内，加入适量开水闷泡1小时。③将闷泡好的绿豆、莲子放入锅中，加适量水烧开，再加入红枣和大米，用小火煮至豆烂粥稠，加适量白糖调味即可。

营养功效：绿豆利湿除烦，莲子安神强心，红枣补血养血。三者同食，可以益气强身，适宜产后虚弱的新妈妈调理用。

产后第 41 天

维生素 B_1 可以将体内多余的糖分转化为能量，防止肥胖，新妈妈可适量吃猪肝、糯米、花生、粗粮等富含维生素 B_1 的食物。

今日饮食要点

不宜吃油条

油条因其制作过程为炸制，所以油脂高，营养价值低，新妈妈尽量少吃。

红薯山楂绿豆粥

原料： 红薯 100 克，山楂末 10 克，绿豆粉 20 克，大米 30 克。

做法： ①红薯去皮洗净，切成小块。②大米洗净后放入锅中，加适量清水用大火煮沸。③加入红薯煮沸，改用小火煮至粥将成，加入山楂末、绿豆粉煮沸，煮至粥熟透即可。

营养功效：此粥有助于清热解毒、利水消肿，可以帮助新妈妈产后瘦身。

鳗鱼饭

原料： 鳗鱼 200 克，竹笋 50 克，油菜 20 克，米饭 1 碗，盐、白糖、高汤、姜片、酱油各适量。

做法： ①鳗鱼洗净，切段，放盐腌半小时；竹笋、油菜洗净，竹笋切片，油菜切开。②鳗鱼放入 180℃的烤箱烤熟；水中放油、盐，焯熟油菜，码入盛米饭的盘中。③油锅烧热，爆香姜片，放竹笋片略炒，加高汤、酱油、白糖，放入烤熟的鳗鱼，收汤出锅，浇在米饭上即可。

营养功效：鳗鱼富含蛋白质、钙、磷和维生素等营养成分，有补虚强身的作用。

月嫂私房话

运动前先哺乳

哺乳妈妈在运动前最好先给宝宝喂奶，这是因为通常高强度运动后，新妈妈机体内会产生大量乳酸，从而影响乳汁的味道，所以运动后不宜立即给宝宝哺乳。哺乳妈妈宜进行一些舒缓的运动，运动结束后先休息一会儿再哺乳。

薏米冬瓜老鸭汤

原料：冬瓜250克，薏米25克，老鸭肉100克，盐、姜片各适量。

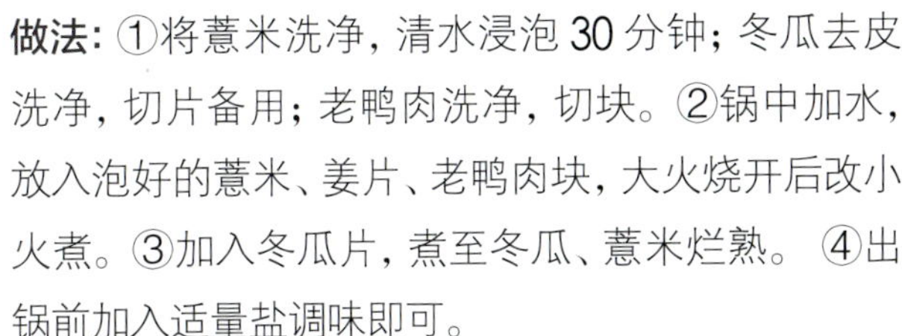

做法：①将薏米洗净，清水浸泡30分钟；冬瓜去皮洗净，切片备用；老鸭肉洗净，切块。②锅中加水，放入泡好的薏米、姜片、老鸭肉块，大火烧开后改小火煮。③加入冬瓜片，煮至冬瓜、薏米烂熟。④出锅前加入适量盐调味即可。

营养功效：薏米能健脾利湿，与冬瓜同食可美白养颜。

山药香菇鸡

原料：山药、胡萝卜各100克，干香菇20克，土鸡半只，盐、姜片、白糖、酱油、葱花各适量。

做法：①山药洗净去皮，切块；胡萝卜洗净、切块；干香菇泡软、去蒂，切十字刀；鸡肉洗净，剁块。②油锅爆香姜片，放鸡块翻炒，加盐、白糖、酱油、香菇和适量清水，烧开后转小火。③再煮10分钟，加入胡萝卜块、山药块煮熟，收汁起锅装盘，最后撒上葱花即可。

营养功效：鸡肉富含蛋白质和多种维生素，山药可补虚益气，此道佳肴既滋补又可促进乳汁分泌。

产后第 42 天

产后 42 天时新妈妈和宝宝要去医院做一次细致的产后检查。细致的产后检查能及时发现新妈妈的健康隐患，避免对宝宝健康造成不良影响，新妈妈应重视起来。

今日饮食要点

保护好肠胃

月子马上结束了，新妈妈在今后的饮食中要注重保护好肠胃，这是产后身体快速恢复的基础。

三鲜水饺

原料：猪肉 100 克，海参 1 个，虾仁、水发黑木耳各 20 克，饺子皮 15 个，葱花、姜末、香油、酱油、盐各适量。

做法：①将猪肉洗净，剁成肉馅，加适量清水，搅打至黏稠，再加入洗净、切碎的海参、虾肉、黑木耳，然后放入酱油、盐、葱花、姜末和香油，拌匀成馅。②饺子皮包上馅料，捏成饺子。③下锅煮熟即可。

营养功效：饺子馅用多种原料制成，营养丰富，尤其是含钙多，可以满足新妈妈补钙之需。

冬笋香菇扒油菜

原料：油菜 40 克，冬笋、干香菇各 30 克，姜片、盐、水淀粉各适量。

做法：①将油菜去掉老叶，清洗干净切段；干香菇泡发切片；冬笋切片，放入开水中焯烫，去除草酸。②炒锅置火上，倒入适量油烧热，放入姜片、冬笋片、香菇片煸炒，再放入油菜段、盐，炒熟后淋入水淀粉勾芡即可。

营养功效：此菜含大量维生素、膳食纤维、钙、磷、铁等营养成分，是新妈妈百吃不厌的一道素菜。

月嫂私房话

产后检查的主要项目

常规检查：验血、验尿、称体重、量血压等常规检查。

盆腔检查：就是由医生用肉眼来观察外阴、阴道、宫颈是否有异常。

白带检查：取少量白带，由医生在显微镜下检查是否有阴道炎，还可以检查衣原体、支原体等病原菌。

B超检查：可以发现子宫肌瘤、卵巢囊肿等常见的妇科盆腔内病变。

伤口恢复：查看会阴侧切和剖宫产伤口愈合情况。

莲藕瘦肉麦片粥

原料： 大米50克，莲藕30克，猪瘦肉20克，玉米粒、枸杞子、麦片、葱花、盐各适量。

做法： ①大米洗净，泡30分钟；莲藕洗净，切薄片；猪瘦肉洗净切片。②大米下锅，加适量水熬煮成粥。③将藕片、玉米粒、猪瘦肉片放入粥中煮熟，再加入麦片、枸杞子略煮。④加盐调味，撒上葱花即可。

营养功效：莲藕富含B族维生素，有助于缓解疲劳，还可促进乳汁分泌。

翡翠豆腐羹

原料： 瘦肉丁40克，油菜叶50克、豆腐100克，高汤、葱末、姜末、盐、水淀粉、香油各适量。

做法： ①油菜叶洗净，切碎；豆腐切小丁。②锅中倒油烧热，下葱末、姜末煸炒，放入瘦肉丁略炒。③倒入适量高汤烧开，调入盐，放入豆腐丁和油菜叶煮沸，用水淀粉勾芡，滴入适量香油即可。

营养功效：鲜嫩可口的豆腐具有益气、补虚、护肝、提高免疫力等功效。

特殊妈妈
需要特殊的营养

新妈妈要根据不同的分娩方式、喂奶方式，选择合适的饮食调理方案，有侧重地补充营养。新妈妈吃得好，身体才能更快地恢复，才能早日承担照顾宝宝的任务。本章主要为剖宫产妈妈提供饮食方案，并为哺乳及非哺乳妈妈提供专属食谱，满足不同新妈妈的产后需求，让新妈妈舒适坐月子、产后不留病。

剖宫产妈妈要重恢复

剖宫产手术伤口较大，创面较广，产后恢复特别重要。产后进补要注意的事项较多，科学、合理地进食会明显减轻伤口疼痛程度，也有利于促进伤口愈合。如果新妈妈吃得对、吃得好，有利于身体的早日康复。

剖宫产妈妈饮食调养方案

剖宫产前要禁食

手术前一天，晚餐要清淡，午夜12点以后不要吃东西。手术前6~8小时孕妈妈不要喝水，以免麻醉后使剖宫产妈妈发生呕吐，引起误吸。手术前孕妈妈注意保持身体健康，避免患上呼吸道感染、感冒及发热等疾病。

术后6小时内应禁食

产后6小时内，剖宫产妈妈应严格禁食，这是因为麻醉药药效还没有完全消除，全身反应迟缓，如果进食，可能会引起呛咳、呕吐等。如果剖宫产妈妈确实很口渴，可每隔一段时间让新爸爸或其他家人喂小半勺水。

饮食有别

与顺产妈妈相比，剖宫产妈妈身体发生了明显的变化：子宫受到创伤；术后禁食，身体活动少，使子宫入盆延迟，恶露持续时间延长；术中创伤，新妈妈精神疲惫。因此，进行剖宫产的新妈妈，更应该注意调养身心。剖宫产因有伤口，同时产后腹压突然减轻，腹肌松弛、肠道蠕动缓慢，易患便秘，饮食的安排应与顺产的新妈妈有所区别。

排气后再进食

剖宫产手术中肠管受到刺激而使肠道功能受损，肠腔内出现积气，术后会有腹胀感，马上进食会造成便秘。因此，新妈妈应在术后6小时后喝一点温开水，刺激肠蠕动，达到促进排气、减少腹胀的目的，待排气之后方可进食流食。

产后前几天宜吃流质食物

剖宫产妈妈排气之后不能马上吃硬的食物，应从流质食物开始，产后前2天可以吃面条、蛋汤等，但一次不能吃得太多，最好分几次食用；之后几天可以由流质食物逐渐过渡到半流质食物，但要注意蛋白质、维生素和矿物质的补充。

别吃太饱

剖宫产手术时肠道受到刺激，胃肠道正常功能被抑制，肠蠕动相对减慢。若多食会使肠内代谢物增多，在肠道滞留时间延长。这不仅易造成便秘，而且产气增多，腹压增高，不利于新妈妈的身体恢复。

不吃易产气食物

剖宫产妈妈在开始进食时应食用促排气的食物，如萝卜汤等，帮助增强胃肠蠕动，促进排气，减少腹胀，使大小便通畅。对于那些容易“胀气”的食物，如黄豆、豆浆、淀粉类食物应尽量少吃或不吃，以免加重腹胀。

月嫂私房话

剖宫产后伤口的护理措施：

1. 手术后伤口的痂不要过早地揭掉，过早强行揭痂会把尚停留在修复阶段的表皮细胞带走，甚至撕脱真皮组织，刺激伤口出现刺痒。
2. 调整饮食习惯，多吃富含蛋白质的食物，同时也应多吃富含维生素的食物，促进组织修复。
3. 一定要避免阳光直射，防止紫外线刺激形成色素沉着。
4. 保持瘢痕处的清洁卫生，及时擦去汗液，不要用手搔抓、用衣服摩擦瘢痕或用水烫洗的方法止痒，以免加剧局部刺激，促使结缔组织产生炎性反应。

剖宫产私房月子餐

剖宫产妈妈术后1周内禁吃产气食物，也不要吃生、冷、硬的食物。剖宫产妈妈应多吃有助于促进伤口恢复的食物，如猪蹄、胡萝卜、牛羊肉、土豆、奶类等。

产后护理注意事项

下床活动前可用束腹带绑住腹部

术后24小时，剖宫产妈妈下床活动前可用束腹带（医用）绑住腹部，这样会减少因为活动而引起的伤口疼痛。

阿胶核桃仁红枣羹

原料： 阿胶10克，核桃仁15克，红枣3颗。

做法： ①核桃仁去皮，掰小块；红枣洗净，去核；阿胶砸成块，10克阿胶需加入20毫升的水，一同放入瓷碗中，隔水蒸化。②红枣、核桃仁块放入另一只砂锅内加清水慢煮。③将蒸化后的阿胶放入锅内，与红枣、核桃仁块略煮即可。

营养功效：此羹营养全面，对产后康复和乳汁分泌都十分有效。

香菇炒腰花

原料： 猪腰1个，茭白50克，香菇3朵，彩椒片、葱段、姜片、黄酒、盐、水淀粉、香油各适量。

做法： ①猪腰洗净，去腰臊，切花刀后切块，放入加了黄酒的沸水中汆5秒；茭白、香菇洗净，切片。②油锅爆香姜片、葱段，放入猪腰翻炒，再放入茭白片、彩椒片、香菇片翻炒均匀至熟，加盐调味。③倒入水淀粉勾芡，滴入香油，起锅装盘即可。

营养功效：猪腰补肾强身，所含的铁易被人体吸收，有利于产后补血，适合剖宫产妈妈产后食用，有助于身体恢复。

月嫂私房话

剖宫产妈妈宜选择大一号的内裤

为了更好地保护剖宫产伤口，新妈妈可以选择大一号的高腰内裤或平脚内裤，可避免因内裤勒在伤口处而让新妈妈感觉不舒服。新妈妈需注意私处卫生，内裤每天更换一次，这是因为剖宫产妈妈产后抵抗力下降，若不注意卫生极易引起感染。

芪归炖鸡汤

原料：公鸡半只，黄芪 50 克，当归 10 克，红枣 3 颗，盐适量。

做法：①公鸡洗净、斩块。②黄芪与当归均洗净；红枣洗净去核。③砂锅加清水后放入鸡块，烧开后撇去浮沫，加黄芪、当归、红枣，用小火炖 2 小时左右，加入盐，再炖 2 分钟即可食用。

营养功效：黄芪和当归同食，有利于产后子宫复原、恶露排出、缓解腹痛，适合产后初期食用。

蔬菜豆皮卷

原料：豆皮 1 张，绿豆芽、胡萝卜、紫甘蓝各 30 克，豆干 50 克，盐、生抽、香油各适量。

做法：①紫甘蓝、胡萝卜、豆干分别洗净，均切丝；绿豆芽洗净。②将除豆皮外的所有食材用开水焯熟，加盐和香油拌匀。③拌好的原料均匀地放在豆皮上，卷起，切成段装盘，入蒸锅蒸熟，放入生抽蘸碟即可。

营养功效：蔬菜搭配营养好，能增强剖宫产妈妈的食欲。

哺乳妈妈下奶有方

哺乳期妈妈一定要不偏食、不挑食，粗粮、细粮，荤、素等食物都要吃，这样才能提高乳汁质量。哺乳期间，新妈妈应尽量少食刺激性食物，如辣椒、芥末等，并要摄入充足的水分，但不宜饮茶、咖啡等。

哺乳妈妈饮食调养方案

宜食有助泌乳的食物

哺乳新妈妈身体及营养状况直接影响乳汁的质量。正所谓“母强则子强”，因而哺乳期新妈妈所需营养物质都较一般女性高。新妈妈一定要吃含有丰富蛋白质的食物，如牛奶、豆浆、鱼肉、鸡肉、蛋类、红肉等，还要摄入各种新鲜蔬菜和水果，多喝汤水，饮食要多样化，不要偏食。妈妈吃得好，宝宝才会长得壮。

辩证对待中药催乳

很多新妈妈会用一些中药材来帮助催乳，在用这些药材时，最好先分清楚自己属于哪种缺乳类型，是气血虚弱型缺乳，还是气血阻滞型缺乳，最好在用药之前咨询一下医生。

气血虚弱型缺乳是指新妈妈在分娩过程中出血过多，或平时身体虚弱，导致产后乳汁少或乳汁多天不下，表现为乳房柔软不胀、面色苍白、神疲乏力、头晕耳鸣、心悸气短、腰酸腿软等。治疗时一般可服用补血益气与通乳药材，如黄芪、党参、当归、通草等。

气血阻滞型缺乳表现为乳房胀满疼痛、胃胀痛、舌苔薄黄。宜选用行气活血的药物，如王不留行。

哺乳期不宜吃这些食物

哺乳妈妈应当避免吃辣椒、咖啡、大蒜及其他刺激性食品。因为这些食物被母体的消化系统吸收，会改变母乳的味道和酸度，容易引起宝宝拉肚子或胀气。如果注意到某一种食物使宝宝胃肠不适，就不要吃。

尽量避免饮用含咖啡因的饮料，否则会影响宝宝的睡眠。尽量不要食用油腻或过甜的食物，如油炸薯片、巧克力及奶油蛋糕来代替合理的饮食。因为这些食物通常含的热量较高，且营养较单一。

素食妈妈吃什么催奶

催奶是产后妈妈的头等大事，只有乳汁分泌充足了，宝宝才能有足够的营养摄入，因此产后新妈妈应该吃一些催奶食品。大家最熟知的催奶食品大多是鱼肉类，那对于素食妈妈，产后要吃什么催奶呢？

黄花菜：含有丰富的蛋白质，可为新妈妈提供所需营养。中医认为，黄花菜有利湿、宽胸、利尿、止血、下乳的功效。

茭白：不仅口感甘美，鲜嫩爽口，而且富含多种维生素、矿物质、蛋白质及碳水化合物。中医认为，茭白味甘性寒，有解热毒、防烦渴、利二便和催奶的功效，但脾胃虚寒的新妈妈不宜过多食用。

莴笋：含有多种营养成分，尤其含矿物质、钙、磷、铁较多。中医认为，莴笋味苦性寒，有清热、利尿、活血、通乳的作用，尤其适合产后少尿及无乳的新妈妈食用。

豌豆：含磷十分丰富，每百克约含磷400毫克。中医认为，豌豆味甘性平，有利小便、生津液、解疮毒、止泻痢、通乳之功效。

哺乳期禁口服避孕药

避孕是产后新妈妈很关心的一个话题。口服避孕药安全长效，是新妈妈常用的一种避孕方法，还能预防和减少缺铁性贫血，减少经期出血量，缩短经期，治疗月经失调，使痛经减轻。但产后6个月内的哺乳妈妈不应服用，以免影响乳汁质量；不哺乳的新妈妈，可在产后21天后开始服用。

私房下奶餐

母乳中含有大量的水分，再加上产后新妈妈出汗较多，所以哺乳的新妈妈每日水分丢失较多，需要额外补充水分。除了直接喝水外，也可多食汤、粥类。哺乳的新妈妈可以选择各种骨头汤、鸡汤、鱼汤以及粥类、牛奶等。

产后护理注意事项

哺乳期妈妈用药需要谨慎

哺乳妈妈如果身体没什么大碍，尽量不服用药物。如果身体不适，应去医院就诊，严格遵医嘱服药。

猪排炖黄豆芽汤

原料： 排骨段250克，黄豆芽100克，葱段、姜片、盐各适量。

做法： ①排骨段洗净，冷水下锅，汆去血水；黄豆芽去根，洗净。②砂锅中放入猪排骨、葱段、姜片、适量清水，小火炖1小时。③放入黄豆芽，大火煮熟，放盐调味，拣出葱段、姜片即可。

营养功效：猪排骨为补身强体、养生催乳的佳品。此汤还可增强体力，缓解产后新妈妈身体的疲劳。

通草炖猪蹄

原料： 猪蹄块500克，红枣5颗，通草5克，花生仁20克，姜片、葱段、盐各适量。

做法： ①猪蹄块洗净；花生仁用水泡透；红枣去核；通草洗净。②锅内加适量水，冷水放猪蹄，汆去血沫，捞出。③把猪蹄、姜片、通草、红枣、花生仁、葱段放入砂锅内，加入清水，用中火煮至汤色变白，拣去姜片、葱段，加盐调味即可。

营养功效：此道菜是针对新妈妈缺乳的食疗方，通草有通乳的功效，红枣具有养颜补血的功效。

月嫂私房话

哺乳妈妈要学会的喂奶技巧

哺乳时，新妈妈如果坐在椅子上，可踩只脚凳，将膝盖抬高；如果坐在床上，可用枕头垫在膝盖下，利用枕头将宝宝抱到胸前。

宝宝横躺在妈妈怀里，使整个身体对着妈妈的身体，这样脸就能对着妈妈的乳房了。

此外，宝宝吮吸的应该是妈妈的乳晕加乳头，这样才能有效地刺激乳腺分泌乳汁。

海参豆腐煲

原料： 海参2只，肉馅30克，豆腐1块，鸡蛋清、胡萝卜片、黄瓜片、葱段、姜片、盐、酱油、料酒各适量。

做法： ①海参洗净，用加了料酒、姜片的沸水汆烫去腥，捞出过凉水。②肉末加盐、蛋清、酱油、料酒拌匀，做成丸子；豆腐切块。③海参放进锅内，加水，放入葱段、姜片、盐、酱油、料酒煮沸。④加入丸子和豆腐，待熟透后，加入胡萝卜片、黄瓜片稍煮即可。

营养功效：此菜肴滋阴、补血、通乳，可缓解产后体虚缺乳等症状，新妈妈可适量食用。

茭白炒肉丝

原料： 茭白 300 克，肉丝 100 克，葱段、姜丝、彩椒丝、酱油、水淀粉、盐各适量。

做法： ①将茭白削皮，切成丝。②肉丝用盐、酱油、水淀粉腌制。③油锅烧热，烧至五成热时爆香葱段、姜丝，放入肉丝炒至变色，再放入茭白丝、彩椒丝炒熟。最后加盐，淋入水淀粉即可。

营养功效：荤素搭配营养好，而且能增强新妈妈的食欲。

非哺乳妈妈及回乳怎么吃

有些新妈妈因为身体或现实的原因，在月子里就不得已早早断奶了，这对母婴都会造成不利的影响。非哺乳妈妈宜采取渐进的方式回乳，最好用食疗的方法回乳。

回乳饮食调养方案

非哺乳妈妈适当进补

非哺乳妈妈的进补要格外用心和注意，除了要增加全面的营养补充体力外，还可适当增加帮助新妈妈回乳的食物，以避免补得太过，容易引起内热。尤其需要注意的是，非哺乳妈妈不可过多摄入脂肪，因为脂肪摄入过多对产后瘦身非常不利。

回乳食品要多样化

非哺乳妈妈回乳食谱应多样化。例如，麦芽粥里可以增加些有营养的食材，如杏仁、核桃、牛奶等，让回乳餐健康又好吃，促进新妈妈的食欲，帮助身体恢复。除了麦芽外，人参、韭菜、花椒等食物都是传统的回乳食物。另外，中医认为凉性的食物大多会回奶，如瓜类、薄荷等。

减少水分的摄入

断奶期间，新妈妈可尽量控制一下水分的摄入，不能像哺乳期的时候喝很多的汤汤水水，否则易出现胀奶的现象。另外，逐渐减少喂奶次数，缩短喂奶时间，同时应注意少进食汤汁及下奶的食物，可使乳汁分泌逐渐减少。

用炒麦芽回乳

麦芽在中医上具有行气消食、健脾开胃、退乳消胀的功效，是大多数新妈妈回乳时会选择的食材。但是麦芽分生麦芽、炒麦芽、焦麦芽，不同的麦芽有不同的功效，新妈妈一定要分清。生麦芽健脾和胃、通乳，用于脾虚食少，乳汁淤积。炒麦芽行气消食回乳，用于食积不消，妇女断乳。焦麦芽消食化滞，用于食积不消，脘腹胀痛。因此，新妈妈在回乳时应选择炒麦芽，而非生麦芽和焦麦芽。

不宜母乳喂养的5种情况

新妈妈患有艾滋病： 宝宝在子宫内没有感染时，出生后必须禁止母乳喂养。

新妈妈做过隆胸手术： 一般情况下也不适合母乳喂养。

宝宝患有先天性半乳糖血症： 在进食含有乳糖的母乳后，易引起宝宝神经系统疾病和智力低下，并伴有白内障，肝、肾功能损害等。这种宝宝应给予特殊不含乳糖的代乳品喂养。

患有严重乳头皲裂和乳腺炎： 妈妈患有严重乳头皲裂和乳腺炎等疾病时，应暂停哺乳，及时治疗，以免加重病情。可以把母乳挤出哺喂宝宝。

新妈妈是白血病病原体 HTLV-I 携带者： 为了防止宝宝患白血病，不能用母乳喂养。

私房回乳餐

新妈妈回乳时一定要慎吃催乳的食材，如通草、猪蹄、花生等。此外，比较喜欢吃猪蹄、花生的非哺乳妈妈，在用此类食材做菜时，尽量不要炖汤，以免造成胸部胀痛。

产后护理注意事项

回乳期间可以往外吸奶

有人认为回乳期间吸奶，会刺激乳汁再分泌。其实，适度吸奶不会引起乳汁分泌，还可缓解乳房的胀痛感。

麦芽粥

原料：大米、生麦芽、炒麦芽各 30 克，红糖适量。

做法：①大米洗净，用清水浸泡 30 分钟。②将生麦芽与炒麦芽一同放入锅内，加清水大火煎煮，去渣取汁。③将大米放入锅中与麦芽汁一起煮。④煮到大米完全熟时，加入红糖即可。

营养功效：炒麦芽中所含的麦角类化合物可抑制催乳素分泌，适用于产后需要回乳的妈妈。

鲜韭绿豆芽

原料：新鲜韭菜 50 克，绿豆芽 200 克，葱段、蒜片、花椒、盐、醋各适量。

做法：①韭菜洗净，切段；绿豆芽洗净，沥干。②炒锅放油，放入花椒、葱段、蒜片爆香，拣出后放入韭菜和绿豆芽翻炒。③在绿豆芽断生后沿锅边淋入适量醋，最后加盐调味即可。

这道菜炒制时间要短，这样才能保持脆嫩的口感。

营养功效：韭菜、绿豆芽和花椒都有回乳的作用，此道菜可缓解非哺乳妈妈的胸胀疼痛。

不宜回乳过急

非哺乳妈妈断乳时，如果奶水过多，自然回乳效果不好时，可适当热敷乳房或挤出少量奶液以缓解胀痛。回乳是个循序渐近的过程，回乳时期尽量减少对乳头的刺激，不做剧烈运动，不食辛辣食物，以免造成乳腺炎。

花椒红糖饮

原料：花椒 12 克，红糖适量。

做法：①将花椒清洗干净，沥干水分。②锅中加适量水，放入花椒，待水烧开后，转小火继续煮 20 分钟。③在花椒水中调入适量红糖，搅拌均匀，过滤后饮用即可。

营养功效：花椒红糖饮可帮助新妈妈回乳，有些新妈妈不喜欢花椒的味道，可适当多加些红糖。

红枣人参汤

原料：红枣 3 颗，人参 1 根。

做法：①将人参和红枣分别洗净，红枣去核。②红枣和人参放入炖盅内，加适量水，上锅隔水蒸 1 小时。将汤凉至温热时喝。

可加些莲子，味道会更鲜美。

营养功效：此汤可补气养血，想要回乳的新妈妈每天饮用 1 小杯，可使乳汁慢慢减少，从而顺利完成回乳。

这样吃
不落月子病

宝宝出生后，妈妈的喜悦之情溢于言表。但不安也随之而来，由于分娩消耗了大量元气，妈妈的身体会频频出现便秘、恶露不净、乳房胀痛、失眠等状况。吃对食物，就让这种种不适，消失在这一道道营养、健康、美味的佳肴里吧！

产后便秘

产后便秘除了与一般便秘症状相同外，有时可兼有面色萎黄、皮肤干燥、口渴舌红、精神疲惫等情况，可通过食用润肠通便的食物来缓解和改善产后便秘的症状。

产后便秘知识早知道

吃对香蕉，预防便秘

如果新妈妈有便秘和痔疮，产后要多注意。在产后第1周注意汤水补给，可多吃一些粥、面条等水分多的食物，补充肠道内的水分，也可多吃些通便的蔬菜和水果等，其中香蕉是个不错的选择。

香蕉含有丰富的膳食纤维，有清热润肠、促进肠胃蠕动的作用，很适合新妈妈食用。不过，直接吃香蕉润肠作用不明显，新妈妈可以把香蕉和蜂蜜或冰糖放在一起蒸，早上起床后空腹食用，通便效果较好。

香蕉本身就很软，所以蒸的时间不宜太久，5分钟左右即可，连续食用两天，一般就有效果。如果新妈妈嫌麻烦，也可以每天用牛奶冲泡一碗麦片，加一根香蕉，当早餐食用，也有较好的通便效果。

新鲜的蔬果中富含膳食纤维，新妈妈多食用有助于预防及缓解便秘。

重视产后便秘

如果新妈妈产后饮食正常，但大便几日不解或排便时感到干燥疼痛、难解，即产后便秘，或称产后大便困难。这是最常见的产后不适之一，严重影响新妈妈的身体健康，而且会影响乳汁质量，新妈妈要引起重视。

定时排便建立条件反射

新妈妈最好在每天早饭前后排便。开始蹲厕所的时候，可能并没有便意，只要坚持定时排便一段时间，即可逐渐建立起排便的条件反射，形成习惯后就能定时、顺利、快速地排便了。

产后及时排便

由于分娩过程中盆底肌肉极度牵拉和扩张，在短期内不能恢复其弹性，加之产程中过度屏气、过度呼喊、水和电解质紊乱等因素导致肠蠕动减慢，使产后排便功能减弱。顺产妈妈通常于产后一两天会恢复排便功能，最晚第 3 天应排第 1 次大便。

新妈妈第 1 次排便不畅，可用开塞露润滑粪便，以免撕伤肛门皮肤而发生肛裂。新妈妈可以用 1 支开塞露来通便，使用后 10~20 分钟即可排便。

运动促进肠蠕动

分娩后第 1 天，顺产妈妈尽量早下床活动，这样可以促进肠蠕动，帮助缓解肌肉紧张度，也可以在床上轻轻按摩下腹部。剖宫产妈妈有并发症者，产后第 2 天可以试着在室内走动。除此之外，新妈妈也可以躺着做下面这套凯格尔运动，以锻炼肛门肌肉。

①仰躺在床上，双侧膝盖弯曲。②收缩骨盆底肌肉，就像平常解小便中途忽然憋住的动作。③持续收缩约 10 秒，再放松 10 秒，如此重复 15~20 次，每天 1 遍。

产后便秘食疗方

为预防产后便秘，新妈妈可多吃一些富含膳食纤维的食物，如蔬菜、水果、粗粮等。如果新妈妈身体还比较虚弱，吃水果时最好用炖、煲汤或者蒸的方式预先加热一下，避免过于寒凉。

产后护理注意事项

产后便秘危害大

严重的产后便秘可导致肛裂和痔疮，还会影响内分泌系统，出现皮肤色素沉着，并产生黄褐斑及痤疮等。

油菜苹果汁

原料： 油菜300克，苹果1个，柠檬2片。

做法： ①油菜洗净，切段；苹果洗净，去核，切小块。②油菜、苹果、连皮的柠檬片放入榨汁机中，加入适量凉开水榨汁。③过滤取汁饮用即可。

营养功效：油菜富含钙质及维生素C、膳食纤维，常饮油菜苹果汁，对缓解产后便秘有一定的作用。

红薯小米粥

原料： 红薯50克，小米60克，白糖、蜂蜜各适量。

做法： ①将红薯去皮，洗净，切成小块；小米淘洗干净。②将红薯块和小米一起放入锅内，加适量清水煮粥。③待煮成稠粥，离火时加入白糖和蜂蜜调味即可。

营养功效：红薯含膳食纤维较多，可宽肠通便；小米粥能帮助消化，是产后便秘的新妈妈的理想食品。

月嫂私房话

忌用大黄通便

有便秘困扰的新妈妈，忌用大黄及以大黄为主的清热泻下药通便，如三黄片、牛黄解毒片、牛黄上清丸等。大黄味苦性寒，产后服用容易伤脾胃，且宝宝吮吸乳汁后可引起腹泻。因此最好通过多吃润肠道的食物预防、治疗便秘，或者在医生指导下适量使用开塞露。

芹菜茭白汤

原料：茭白 100 克，芹菜 50 克，盐适量。

做法：①将茭白剥去外壳，洗净，切条；芹菜择洗干净，切段。②锅中加水，放入茭白条、芹菜段，大火煮沸后加盐调味即可。

营养功效：芹菜茭白汤能帮助消化，预防和缓解产后便秘。

蒜蓉茼蒿

原料：茼蒿 100 克，蒜蓉、姜蓉、盐各适量。

做法：①将茼蒿洗净。②将油锅烧热，放入姜蓉、蒜蓉炒香，放入茼蒿翻炒均匀，加入盐调味即可。

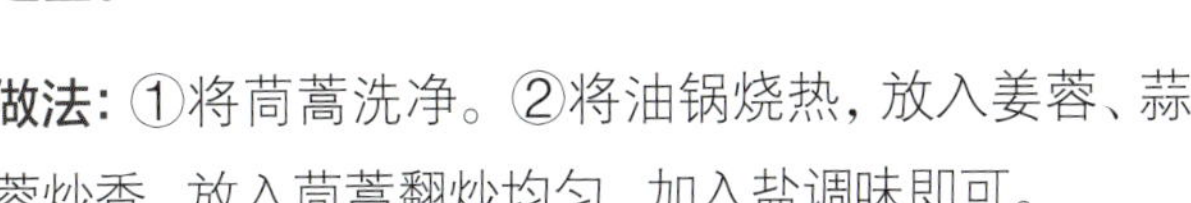

营养功效：茼蒿含膳食纤维较多，可助消化和降低胆固醇。新妈妈常食茼蒿对治疗肺热、脾胃不和及便秘非常有益。

乳房胀痛

大部分产妇在产后都会有不同程度的乳房肿胀现象，尤其是在产后两三天时，乳房刚开始大量泌乳，而大部分乳腺还不通畅，此时易发生乳房胀痛。这时的乳房摸起来很硬，并且有结块，一碰就痛，有的还伴有发热症状。

乳房胀痛知识早知道

乳房胀痛的原因

开始泌乳时产生的乳房胀痛会持续一两天，这是正常的。但有时候乳腺管阻塞不通，使乳房胀满、疼痛、发热，甚至引起乳腺炎。发生这样的症状原因有两种：一种是因为产妇产后体内分泌的催乳素特别高，乳腺管不通畅。这种胀痛，需要通过宝宝的吮吸或用手挤将乳汁排出。另一种是产妇患有乳腺增生。这种情况不是因为奶多而胀痛，而是由于奶水挤压乳腺增生的包块，包块反过来又挤压乳腺管，使乳汁不能很顺畅地流出来而产生胀痛。

卷心菜叶有助于消除乳房肿胀

卷心菜，也叫圆白菜、包心菜，是常见的食材。新妈妈可以选用在冰箱冷藏室放置的卷心菜，将叶子一片片剥下来（尽量保持完整），冲洗干净并擦干。用擀面杖稍微碾压一下，使它更容易贴合乳房，注意将较粗的叶脉碾压软一些或者削平。用几张叶子包裹住肿胀的乳房，等叶子蔫了就可以更换。如果肿胀严重可以每隔三十分钟更换一次。

正确的喂奶姿势缓解乳房胀痛

新妈妈采取正确的哺乳姿势可缓解乳房胀痛，以下将为新妈妈介绍几种哺乳姿势，新妈妈可根据自己的实际情况灵活选择。

摇篮式

做法：新妈妈坐在椅子上，一只手臂的肘关节内侧支撑住宝宝的身体，让他的腹部紧贴住新妈妈的身体；另一只手托着乳房，将乳头送进宝宝口中。

优势：这种方法最容易学，新妈妈最常用这种姿势，而且无论在家里还是公共场合都适用。

足球式

做法：让宝宝躺在床上，将宝宝置于手臂上，头部靠近胸部，然后在宝宝头部下面垫上一个枕头，让宝宝的嘴能接触到乳头。

优势：此姿势适用于侧切和剖宫产的新妈妈，但掌握不好会造成背疼、脖子疼，新妈妈不必勉强。

鞍马式

做法：宝宝骑坐在新妈妈的大腿上，面向新妈妈，新妈妈用一只手扶住宝宝，另一只手托住自己的乳房。

优势：这个姿势适合较大一点的宝宝，对嘴部患有疾病的宝宝也特别适用。

侧卧式

做法：新妈妈侧躺，然后让宝宝在面向新妈妈的一方侧躺，新妈妈手托乳房，将乳头送进宝宝口中。

优势：这是最适合剖宫产妈妈和侧切新妈妈的姿势，可以一边哺乳一边休息，也不会引起伤口疼痛。

乳房胀痛食疗方

新妈妈在分娩后的3~6天，乳房会逐渐开始充血、发胀，分泌大量乳汁。如果乳汁分泌过多，又未能及时排出，就会出现乳房胀痛。长时间奶胀容易引起乳腺炎，应及时处理。除了及时让宝宝吮吸外，还可采取食疗的方法来缓解。

产后护理注意事项

注意乳房清洁

新妈妈哺乳前最好先用清洁的纱布蘸淡盐水清洁乳头，避免出现乳房炎症，引起新生儿口腔发炎或腹泻。

胡萝卜炒豌豆

原料：胡萝卜50克，豌豆20克，姜片、水淀粉、盐各适量。

做法：①胡萝卜洗净，切丁；豌豆洗净。②将胡萝卜丁和豌豆分别放入开水中焯1分钟后，捞出沥干。③油烧至七成热，放入姜片煸香，然后放焯过的胡萝卜丁、豌豆，爆炒至熟，调入盐，加入水淀粉，炒均匀即可。

营养功效：豌豆味甘性平，有补中益气、通乳消胀的作用，可缓解新妈妈乳房胀痛、乳汁不下的症状。

丝瓜虾仁糙米粥

原料：丝瓜50克，虾40克，糙米60克，姜丝、香油、盐各适量。

做法：①将糙米清洗后，加水浸泡约1小时；虾洗净，去头、去壳及虾线；丝瓜去皮洗净，切成条状。②将糙米放入锅内，加适量水，用中火煮30分钟成粥状。③把姜丝、丝瓜条和虾仁放入已煮好的粥内煮熟，加少许盐、香油调味即可。

营养功效：丝瓜可预防产后乳汁淤积，对预防产后乳腺炎的发生有一定作用。

哺乳时让宝宝含住乳晕而非乳头

第一次哺乳，新妈妈没有经验，在此提醒新妈妈们，宝宝吃奶时，一定要让宝宝含住乳头和大部分乳晕，这样才能有效地刺激乳腺分泌乳汁。如果宝宝吃奶不费力，新妈妈也不感觉到乳头疼痛，那就正确了。

如果新妈妈乳头疼痛，可能是哺乳时宝宝没有正确地含住大部分乳晕，而只是咬住了乳头造成的。宝宝仅仅吸吮乳头，不仅会吃不到奶，还会引起新妈妈乳头皲裂。

桔梗红豆粥

原料：桔梗、皂角刺各10克，红豆20克，大米50克。

做法：①桔梗、皂角刺、红豆、大米分别洗净；红豆浸泡半日。②桔梗和皂角刺加适量水煮20分钟，去渣取汁。③将红豆和大米煮成粥后，加入药汁拌服即可。

营养功效：此粥具有清肝胃、解毒、通络散结等功效，可有效缓解新妈妈乳房胀痛的不适感。

豌豆陈皮汤

原料：鲜豌豆100克，陈皮5克。

做法：①鲜豌豆洗净；陈皮用温水浸泡5分钟，除去果皮内白色物质，洗净，切条。②陈皮放入砂锅中，加入适量清水，大火煮沸转小火煲30分钟，再加入豌豆煮10分钟即可。

营养功效：豌豆性平味甘，有和中生津、利湿、通乳消胀的功效，可用于烦热口渴、产后乳汁不下、乳房胀痛等症状。

产后恶露不尽

正常恶露一般会持续 2~4 周。剖宫产妈妈比顺产妈妈排出的恶露要少些，但如果血性恶露持续 2 周以上、量多或恶露持续时间长且为脓性、有臭味，可能出现了细菌感染，要及时到医院检查。

产后恶露知识早知道

产后密切关注恶露变化

产后恶露是指产后随子宫蜕膜脱落，含有血液、坏死蜕膜等组织经阴道排出，称为恶露。这是产妇在产褥期都会经历的，属于正常的生理现象。

正常恶露根据颜色、内容物及时间不同，将其分为 3 种：

血性恶露。色鲜红，含大量血液，量多，有时有小血块，有少量胎膜及坏死蜕膜组织。持续 3~4 天，子宫出血量逐渐减少，浆液增加，转变为浆液性恶露。

浆液恶露。色淡红，多坏死蜕膜组织、宫腔渗出液、宫颈黏液，少量红细胞及白细胞，且有细菌，浆液恶露持续 4~14 天。

白色恶露。因含大量白细胞，色泽较白而得名，质黏稠，约持续 3 周。

宜恰当饮用生化汤

生化汤是一种传统的产后中药方，以中药当归、川芎、甘草等原料按一定比例熬煮，有些中药店有售，也可以自己买来原料熬煮。生化汤能“生”出新血，“化”去旧瘀，可以促进新妈妈排出恶露，但是饮用要适量，不能过量，否则有可能增大出血量，不利于子宫修复。

一般自然分娩的新妈妈在无凝血功能障碍、血崩或者伤口感染的情况下，可以在产后 3 天后服用生化汤，每天 1 剂，连服 7~10 剂。剖宫产妈妈则建议最好在产后 7 天后再服用，连续服用 5~7 剂。每天 1 剂，每剂平均分成 3 份，在早、中、晚三餐前温热服用。

促进恶露排出体外的方法

恶露的排出情况影响着新妈妈子宫的恢复，可以做以下尝试，促进恶露排出。

及时开奶：这样会引起反射性子宫收缩，有利于恶露排出。

喝些生姜红糖水：生姜红糖水不仅能暖宫祛寒，而且能活血化瘀。

多下床活动：产后一个星期可以多下床走动，这对于恶露的排出也是很有帮助的。

绕脐按摩促排恶露：新妈妈用手掌从上腹部向脐部按揉，在脐部停留，以旋转方式按揉片刻，再按揉小腹。这样做有利于恶露下行，帮助子宫尽快恢复。

剖宫产后密切关注阴道出血量

家人要给予剖宫产妈妈更多的关注和照料。由于剖宫产时子宫出血较多，新妈妈及家属在手术后 24 小时内应密切关注阴道出血量。若发现超过正常月经量或者无恶露排出均属于不正常现象，要及时通知医生。另外，要预防伤口缝线断裂，咳嗽、恶心、呕吐时应压住伤口两侧，防止缝线断裂。

产后什么时候用腹带

顺产妈妈在产后第 2 天就可以开始绑腹带，但一定要注意使用方法，每天佩戴最好不超过 8 小时，且不宜绑得过紧。

剖宫产妈妈在术后 7 天内最好使用腹带包裹腹部，这样做有利于缓解疼痛，促进伤口愈合。但是，腹部拆线后不宜长期使用腹带，最好在下床活动时用，卧床后应解下。

绑腹带的时间：早晨起床、梳洗、方便完后绑上腹带；三餐前，若腹带松掉，则需解下重新绑紧再吃饭；洗澡前解下，洗澡后再绑上。

腹带要定期清洗：用无刺激性的洗涤用品清洗，再用清水漂净后晾干即可。不要用洗衣机清洗，以免打褶或起皱。夏天时每两三天换洗一次腹带，以保持皮肤清洁。

促排恶露食疗方

产后可多吃有助于促排恶露的食物，如益母草、山楂、当归、党参、黄芪、鸡蛋等。

产后护理注意事项

保持外阴清洁

无论是顺产还是剖宫产，都要注意个人的清洁卫生。要天天清洗外阴，勤换内裤。这样子宫才会快速恢复。

益母草蒸蛋羹

原料：益母草 30 克，鸡蛋 2 个，枸杞子适量。

做法：①益母草洗净后加水煮半小时，滤去药渣。②鸡蛋打散，加入益母草汁液，搅匀，上锅蒸熟。③取出蛋羹，点缀枸杞子即可。

营养功效：益母草可活血、祛瘀，对血瘀型恶露不尽有帮助，新妈妈可适当食用。

山楂红糖饮

原料：山楂干 15 克，红糖适量。

做法：①山楂干洗净，备用。②锅中加入山楂干及适量清水，用大火将山楂煮至烂熟。③再加入红糖煮 3 分钟，出锅即可。

营养功效：山楂可以散瘀血，加之红糖有补血益血的功效，可促进恶露不尽的新妈妈尽快化瘀，排尽恶露。

如何分清恶露和月经

正常情况下，产后4~5天，恶露量多且呈红色；产后1周后，恶露量逐渐减少而变成褐色；第10天以后，颜色变得更淡，慢慢地由黄色转为白色，没有特殊的气味。恶露一般在产后4~6周消失。恶露一般不超过月经量。如果流血持续两周以上，超过月经量或有血块，应该及时就医。

菠菜猪肝汤

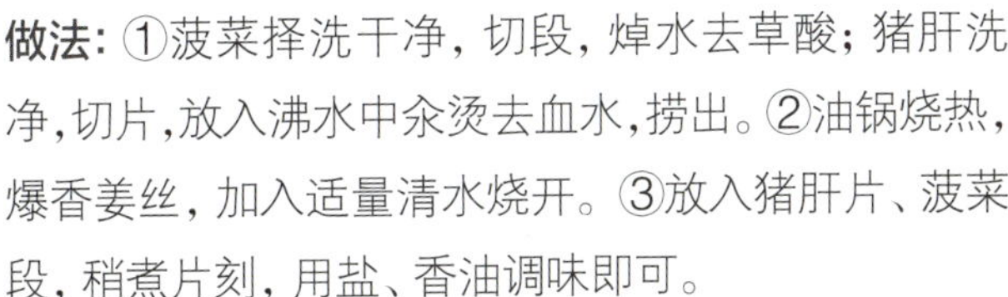

原料：菠菜150克，猪肝1个，盐、香油、姜丝各适量。

做法：①菠菜择洗干净，切段，焯水去草酸；猪肝洗净，切片，放入沸水中汆烫去血水，捞出。②油锅烧热，爆香姜丝，加入适量清水烧开。③放入猪肝片、菠菜段，稍煮片刻，用盐、香油调味即可。

营养功效：菠菜细嫩易消化，且含有膳食纤维；猪肝可补铁养血。

枸杞子红枣粥

原料：枸杞子10克，红枣5颗，大米30克，红糖适量。

做法：①红枣洗净，除去核；大米淘洗干净。②将红枣和大米放入锅中，适量加水，用大火煮沸。③再用小火煮30分钟，加入红糖、枸杞子略煮即可。

营养功效：枸杞子、红枣和红糖都有滋润气血的功效，适合气血不足、脾胃虚弱、失眠、恶露不尽的新妈妈食用。

产后气虚和产后血虚

有些新妈妈会出现头晕目眩、胸部憋闷、面色苍白等症状，这是产后眩晕的症状。产后新妈妈身体极度虚弱，第一次下床要注意动作缓慢，并且要在家人搀扶下进行，避免因眩晕导致摔倒。

产后气虚、血虚知识早知道

产后虚弱要对症调养

一般而言，由于新妈妈在分娩期间消耗了过多的能量、体力，导致新妈妈产后虚弱，免疫力下降，极易出现乏力、盗汗等症状。因此，除了要多注意休息外，饮食护理也是很重要的。注意补气血，能帮助新妈妈尽快地恢复，让宝宝也健康成长。

产后虚弱的表现主要有气虚、血虚、阴虚等，需要通过不同的进补方式来恢复元气。

气虚型：主要表现为少气懒言、全身疲倦乏力、声音低沉、易出汗、头晕心悸、面色萎黄等。适合用来补气虚的食品有牛肉、鸡肉、猪肉、糯米、黄豆、红枣、鲫鱼等。

血虚型：主要表现为面色萎黄苍白、头晕乏力、眼花心悸、失眠多梦、大便干燥。适合用来补血虚的食品有乌鸡、黑芝麻、核桃仁、桂圆等。

阴虚型：主要表现为怕热、易怒、咽痛、大便干燥、小便赤黄等。适合用来补阴虚的食品有百合、鸭肉、黑鱼、莲藕、金针菇、枸杞子、荸荠等。

牛肉适合气虚型新妈妈食用，如果是阴虚型虚弱的新妈妈食用可能会加重症状。

气虚体质的新妈妈需缓慢进补

气虚体质的新妈妈需要缓慢进补，切记不可补得过快过急。气虚体质的人对食物的寒热较为敏感，因此，宜食用性质温和、具有补益作用的食物，太过寒凉或太过燥热的食物应少吃或不吃。因为太过寒凉的食物容易伤脾胃，而太过温热的食物又容易引起上火。

不宜服用鹿茸改善虚弱

鹿茸对于子宫虚冷、不孕等妇科阳虚病症具有较好的作用。因此，很多人认为产后服用鹿茸会有利于新妈妈产后身体康复。但新妈妈在产后容易阴虚亏损、阴血不足、阳气偏旺，如果服用鹿茸会导致阳气更旺，阴气更损，造成血不循经等阴道不规则流血症状。

鹿茸不适合用于调理产后虚弱。

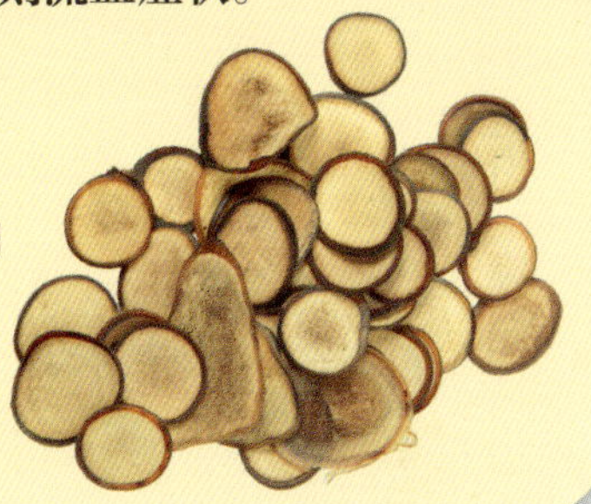

月子里喝茶水易加重产后气虚和血虚

虽然茶水也是一种很好的饮品，但不适宜新妈妈饮用。这是因为茶水（特别是浓茶）中含有较多的鞣酸，它可以与食物中的铁相结合，影响肠道对铁的吸收，而新妈妈因为分娩或多或少都会失血，过多地饮用茶水极易导致新妈妈发生产后贫血，加重新妈妈产后虚弱。

此外，新妈妈在分娩之后体力消耗很大，身体气血双虚，应该注意补血及保持良好的睡眠，以尽快恢复体力。茶水中含有一定量的咖啡因，饮用后会刺激大脑兴奋，使新妈妈不容易入睡，影响睡眠，不利于身体恢复。同时，茶水里的咖啡因还可以通过乳汁进入宝宝体内，使宝宝发生肠痉挛，出现无理由啼哭的现象。

其实，新鲜果汁及清汤是新妈妈最好的饮品，既富含维生素，又富含矿物质，可以促进新妈妈身体恢复，特别是夏天坐月子的新妈妈可适当多喝一些。

补气血食疗方

新妈妈分娩时都会或多或少失血，所以产后的补血问题一定不能马虎。新妈妈要适当食用含铁较多、营养丰富的食品，如肉类、蛋类、海产品（如海带、紫菜、海鱼）、动物肝脏、动物血、木耳等食物。

产后护理注意事项

适度运动有助于补气血

新妈妈产后会出现气血两亏、肝肾两虚的现象，除了通过调整饮食外，还要进行适度的运动，以促进气血畅通。

三色补血汤

原料：南瓜50克，银耳10克，莲子9颗，红枣5颗，红糖适量。

做法：①南瓜洗净，去子、去皮，切块。②莲子去苦心；红枣去核，洗净；银耳泡发，去蒂，撕小朵；③将南瓜块、莲子、红枣、泡发银耳和红糖放入砂煲中，加适量温水，大火烧开后转小火慢煮约30分钟，将南瓜煮至熟烂即可。

营养功效：此汤滋阴补血、养心安神，是产后新妈妈补血养颜的佳品。

桂圆红枣饮

原料：红枣6颗，桂圆干6颗。

做法：①红枣洗净去核，枣肉备用。②桂圆干洗净备用。③将桂圆、枣肉放入锅内，加入清水煮沸，转小火再煮30分钟饮用即可。

营养功效：桂圆可补气、安神，辅助治疗失眠、健忘、惊悸，红枣与桂圆同食具有补血养气的效果。

食补气血

菠菜含有维生素 C、胡萝卜素、蛋白质，以及铁、钙、磷等，可补血止血、利五脏、通血脉、止渴润肠、滋阴平肝、助消化，适合产后气血两亏的新妈妈食用。

此外，吃黄豆猪蹄益提气血，黄豆和猪蹄的高蛋白结合，营养更加丰富，具有补血通乳、润肺和胃的功效，对于气血不足的哺乳妈妈来说是很好的食补组合。

木耳炒鱿鱼

原料：鱿鱼 100 克，水发木耳、胡萝卜各 30 克，青椒片、姜片、葱段、水淀粉、盐各适量。

做法：①木耳浸泡去蒂洗净掰瓣；胡萝卜洗净，切片。②鱿鱼处理干净，切花刀后切块，开水汆烫，沥干，放盐腌制。③锅中放油，爆香姜片、葱段，下鱿鱼、胡萝卜片、木耳、青椒片翻炒，放盐，用水淀粉勾芡。

营养功效：木耳中铁、钙含量很高，鱿鱼富含蛋白质、钙，二者搭配，可缓解缺铁性贫血。

莲子猪肚汤

原料：猪肚半个，莲子 30 克，盐、姜片、高汤各适量。

做法：①将猪肚用面粉揉搓，用清水洗净，放入开水锅中，加姜片汆烫后捞起，过凉水，去掉浮油，切条备用。②莲子洗净，去心，备用。③将姜片、猪肚放入油锅中略炒，倒入适量高汤，放入莲子，用中火烧沸后煮 30 分钟，最后加盐调味即可。

营养功效：此汤可以帮助产后妈妈健脾益胃、补虚益气。

产后失眠

有些新妈妈会遭遇失眠的困扰。导致失眠的原因很多，精神紧张、兴奋、抑郁、恐惧、焦虑、烦闷等精神因素常可引起失眠。除此之外，环境改变、晚餐过饱、噪声、光等也是导致失眠的重要原因。

产后失眠知识早知道

失眠的类型

失眠可以表现为以下几种类型。

起始失眠：入睡困难，要到后半夜才能睡着，这种类型的失眠多是由紧张、焦虑、恐惧等精神因素引起。

间断失眠：睡不踏实，容易被响声或梦境惊醒。常做噩梦及消化不良的新妈妈易发生这种情况。

终点失眠：入睡并不困难，但睡眠持续时间不长，后半夜醒后即不能再入睡。患有产后抑郁症的新妈妈常会出现这类失眠。

产后失眠自我疗法

睡前不胡思乱想：睡觉之前，不要胡思乱想，听一些曲调轻柔、节奏舒缓的音乐。

睡前不进食：睡前两小时内不能进食，否则会影响消化系统的正常运作。同时少喝含有咖啡因的饮料，忌吃辛辣或口味过重的食物。

助眠饮品：睡觉前可以喝杯蜂蜜水，有一定的镇静作用。

适当进行运动：做点简单的运动，如散步。

睡前放松：每晚睡觉前用热水泡泡脚等，可以促进睡眠。睡前可以洗个温水澡，并按摩或用轻柔的体操来帮助放松。

卧室灯光对睡眠很重要

舒适的灯光可以调节新妈妈的情绪而有利于睡眠。新妈妈可以为自己营造一个温馨、舒适的月子环境，如在睡前将卧室中其他的灯都关掉，只保留台灯或壁灯，灯光最好采用暖色调，其中暖黄色的灯光效果会比较好。

睡前喝杯牛奶有助于睡眠

牛奶中含有两种催眠物质：一种是色氨酸，另一种是肽类。肽类的镇痛作用会让人感到全身舒适，有利于解除疲劳并入睡，对于产后体虚而导致神经衰弱的新妈妈，牛奶的安眠作用更为明显。

剖宫产妈妈更容易失眠

剖宫产妈妈因为手术失血，容易血虚肝郁，很容易出现睡眠问题，睡眠不足或严重失眠时乳汁分泌量会减少，长期失眠会造成新妈妈抑郁和焦虑。剖宫产妈妈可在每晚睡觉前半小时，喝一杯热牛奶或是蜂蜜水，帮助入睡。

哺乳妈妈失眠易导致奶水不足

睡眠不足会使乳汁分泌量减少。如果新妈妈晚上没睡好，白天的时候就要好好补觉了。不需要哺乳或宝宝睡觉的时候，新妈妈最好也抓紧时间睡觉，即使睡不着也要躺在床上，闭着眼睛休息。

新妈妈睡不着的时候不要玩手机，闭目养神一会儿有助于入睡。

助眠食疗方

产后失眠一般是因为母体在怀孕期间会分泌许多保护胎宝宝成长的激素，但在产后这种激素逐渐消失，改为分泌促进泌乳的激素。此外，由于产后种种不适，如头疼、轻微抑郁以及半夜给宝宝喂奶等也会导致失眠。

> 产后护理注意事项
>
> **制订“夜间看护计划”**
>
> 养护宝宝新妈妈没必要亲力亲为，可以让家人一起分担照顾宝宝的责任，一起制订宝宝的“夜间看护计划”。

南瓜芝麻牛奶

原料：南瓜50克，牛奶200毫升，芝麻、蜂蜜各适量。

做法：①南瓜去皮去瓤，洗净切片，蒸熟；芝麻炒熟备用。②所有食材一起放入豆浆机中，加牛奶，再加适量纯净水，按“果蔬汁”键进行榨汁即可。

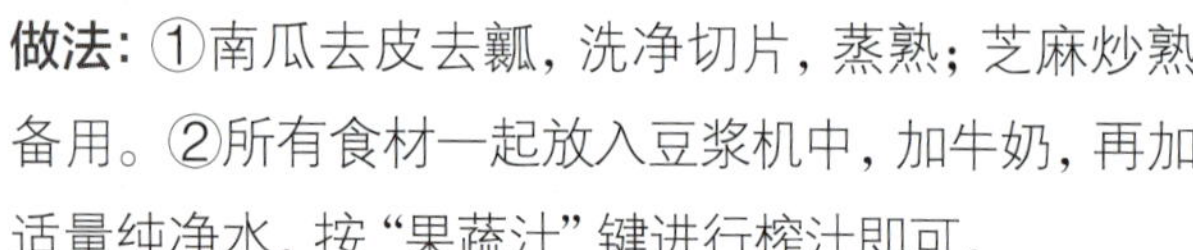

营养功效：南瓜富含胡萝卜素和维生素C，芝麻富含蛋白质、钙、铁、B族维生素等。产后新妈妈多饮用这款蔬果汁，能补充体力。

百合莲子桂花饮

原料：百合10克，去心莲子9颗，桂花蜜、冰糖各适量。

做法：①百合掰开，用水洗净，避免用力搓揉；莲子浸泡60分钟。②锅中放入莲子、冰糖，加入适量清水大火煮开，再小火煮30分钟，加入百合瓣煮熟。③根据自己的喜好，添加适量的桂花蜜。

营养功效：此饮品对促进血液循环、畅通乳腺很有帮助，使新妈妈不因乳房胀痛而失眠，另外，莲子有助眠作用。

产后不宜马上熟睡

专家建议，产后不宜立即熟睡，应当取半坐卧位闭目养神。其目的在于消除疲劳、安定神志、缓解紧张情绪等，半坐卧还能使气血下行，有利于恶露的排出。

新妈妈在半坐卧位闭目养神的同时，用手掌从上腹部向脐部按揉，在脐部停留，旋转按揉片刻，再按揉小腹，可有利于恶露下行，避免或减轻产后腹痛和产后出血，帮助子宫尽快复原。闭目数小时后新妈妈就可以美美地睡上一觉了。

鸡丝腐竹拌黄瓜

原料：鸡胸肉1块，泡发腐竹150克，黄瓜半根，葱段、姜片、香油、盐各适量。

做法：①鸡胸肉洗净；腐竹切段，焯熟；黄瓜洗净，切片。②锅中放入适量水、姜片、葱段，水沸后放入鸡胸肉煮熟，捞出凉凉后撕成丝。③鸡肉丝、黄瓜片、腐竹段放入碗中，用盐、香油调味，拌匀装盘即可。

营养功效：腐竹具有较好的健脑作用；黄瓜含有丰富的维生素C，适合新妈妈食用。

黄花菜熘猪腰

原料：猪腰1个，干黄花菜20克，葱段、姜丝、黄酒、彩椒条、淀粉、水淀粉、盐、白糖各适量。

做法：①猪腰去腰臊，切花刀后切小块，洗净。②腰花用盐、黄酒、淀粉腌制；干黄花菜泡发，去头尾。③油锅烧热，爆香葱段、姜丝，放腰花炒至变色。④加黄花菜、彩椒条、白糖、盐煸炒，再淋水淀粉勾芡即可。

营养功效：黄花菜有利水通乳改善失眠症状的作用；猪腰富含蛋白质、维生素、矿物质，有助于提高母乳质量。

产后脱发

很多新妈妈在坐月子的时候会遇到不同程度的脱发现象，这令新妈妈烦恼不已。若新妈妈在月子里学会护理，脱发状况会得到极大改善。

产后脱发知识早知道

产后脱发正常吗

很多新妈妈在月子期间会出现不同程度的脱发现象，甚至头顶头发变得稀疏、发梢枯黄。这是因为在怀孕期间，孕妈妈体内雌性激素增多，使得头发的寿命延长，与正常情况下相比脱发速度变慢，部分头发可以说是“超期服役”。而分娩后，新妈妈体内雌性激素水平恢复正常，于是那些“超期服役”的头发就开始脱落。

用指腹按摩头皮防脱发

新妈妈在洗头发时，可以用指腹轻轻地按摩头皮，促进头皮血液循环，可使新妈妈头发生长、乌黑、秀丽。也可由家人给新妈妈做头皮按摩，方法是家人用双手从新妈妈眼眉上方的发际线处开始向头后沿直线按摩，直到后发际处。

适度清洗头发

健康头发的前提就是清洁。采用正确的方法洗头，可以及时清除油脂和污垢，防止头发干燥、脱落，控制头皮屑的产生，令秀发更健康亮泽。

不过，新妈妈需要针对自己的发质来挑选洗发用品。如果新妈妈要使用护发素，最好涂抹在头发的中部或尾部。另外，最好不要用吹风机过度地吹头皮和头发。

头发干后再睡觉

洗完头发后，新妈妈要用毛巾立即擦拭湿头发，再用吹风机将头发吹到几乎全干，然后再用一块干毛巾把头发包裹住，避免受风着凉，等头发完全干后再睡觉。但新妈妈不宜用吹风机过度吹头发，避免伤害头皮和头发。

心情舒畅防脱发

产后脱发是很多新妈妈都会遭遇的问题，除了受分娩后身体激素的变化等因素影响外，新妈妈的心情也是其中一个重要影响因素。

新妈妈在产前、产后容易精神紧张，照顾宝宝的过程中，新妈妈容易感到疲劳，还会担心宝宝出现各种各样的问题，心情不能放松，始终处于紧张状态，导致神经功能紊乱，头皮血液供应不畅，从而使头发营养不良，造成脱发。所以，新妈妈应保持心情舒畅、放松，不焦虑、不担心，这样不仅对头发有益，还能让新妈妈容光焕发、年轻靓丽。

产后这样洗头

洗头发时，要避免用力抓扯头发，应用指腹轻轻地按摩头皮，以促进头皮的血液循环，增加头发生长所需要的营养物质，避免产后脱发、分叉。水温不能过高，也不能过低。水温过高会刺激头皮，让头皮更加容易出油；水温过低又会刺激头皮血管收缩，导致寒气侵体。所以，洗头时的水温保持在37℃左右是最适宜的。

产后脱发食疗方

大概有超过 1/3 的新妈妈在坐月子时会有不同程度的脱发现象。虽然过一段时间就会不治自愈，但是为了减少脱发现象，新妈妈应注意月子期护理，合理饮食。

产后护理注意事项

多补充蛋白质滋养头发

头发最重要的营养来源是蛋白质。新妈妈在饮食方面要多加注意，应该多吃一些富含蛋白质的食物，如牛奶、鸡蛋、鱼肉、猪瘦肉等。

山药黑芝麻羹

原料： 山药、黑芝麻各 50 克，白糖适量。

做法： ①黑芝麻放入锅内炒香倒出备用；山药去皮、洗净，切小块。②把山药、黑芝麻、白糖放入豆浆机中，再加入适量清水，按“米糊”键搅打。③倒入碗中，可加入剩余的黑芝麻点缀。

营养功效：此羹有益肝、补肾、养血、健脾、助消化的作用，是很好的保健食品，还有美容乌发的功效，适合新妈妈食用。

银鱼豆芽汤

原料： 银鱼干 100 克，黄豆芽 150 克，葱末、姜末、盐各适量。

做法： ①银鱼干洗净，沥干水分；黄豆芽去根择洗干净。②锅中倒油烧热，把葱末和姜末爆香，放入银鱼干快速翻炒一下，再加入黄豆芽炒至微软。③锅内加入清水，大火煮 5 分钟，出锅前放入盐调味。

营养功效：银鱼含丰富的蛋白质，可滋阴补虚，和豆芽同食，有利于强身健体，还能预防产后脱发。

脱发新妈妈可用牛角梳梳头

新妈妈梳头时宜选择合适的梳子，要选用梳齿排列均匀、整齐，间隔宽窄合适，不疏不密，尖端比较钝圆的，这样的梳子梳头时不会损伤头皮而引起头皮不适。不宜选用塑料及金属制品的梳子，这类梳子易引起静电，使头发不易梳理。

虾皮芹菜粥

原料： 虾皮 20 克，芹菜 50 克，薏米 100 克，姜片、盐适量。

做法： ①虾皮、芹菜分别洗净，芹菜切丁；薏米洗净，浸泡。②锅置火上，放入薏米、姜片和适量清水，大火烧沸后改小火。③待粥煮熟时，先放入虾皮再放入芹菜丁，略煮片刻后加盐调味即可。

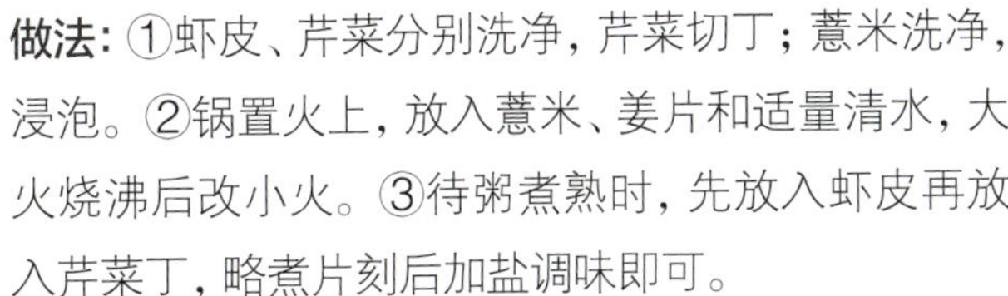

营养功效：芹菜含有多种维生素，可滋养新妈妈的头发。

黑芝麻核桃粥

原料： 大米 30 克，熟黑芝麻 15 克，核桃仁 20 克。

做法： ①将大米淘洗干净后，用清水浸泡 1 小时。②用泡米水煮米，大火煮沸后，加入核桃仁。③改小火熬至米烂粥稠后，放入黑芝麻略煮即可。

营养功效：黑芝麻含有大量的脂肪和蛋白质，还含有糖类、维生素 E 等营养成分，也有乌发美容的功效。

产后水肿

新妈妈产后常出现四肢水肿，这多是孕期水肿的遗留问题。新妈妈不用太过担心，改变生活、饮食习惯，便可以轻松地减轻水肿情况。

产后水肿知识早知道

按摩小腿消水肿

如果新妈妈发现早上起来时小腿瘦一些，但下午会变粗，有时感觉胀胀的，这就是水肿。对新妈妈来说，消小腿水肿可采取舒缓运动配合按摩的方式。

晚上临睡前，新妈妈还可以按摩小腿，双手扶住脚踝，稍稍用力，由下向上按摩，每天坚持 10 分钟，水肿症状很快就会得到改善。

对于肌肉型的小腿，先要让小腿肚上的肌肉变软，然后锻炼肌肉。新妈妈可以每天起床后，先拍打小腿肚。坐在床上，将一条腿抬高，并在小腿肚上涂抹一些纤体膏，然后用手掌从各个方向拍打小腿上的肌肉 3~5 分钟。这种方法可使小腿肚上的肌肉放松，并使已经僵硬的腿部脂肪变软。

长期坚持拍打小腿肚，可使小腿上僵硬的肌肉和脂肪慢慢变得松散，从而消除腿部突出的肌肉。

椅子操缓解腿部水肿

腿部水肿从孕期就困扰着孕妈妈，由于怀孕、分娩使新妈妈体内的水分滞留，再加上内分泌的变化使得一些新妈妈在产后腿部的水肿仍没有消失。因此，有腿部水肿的新妈妈不妨试试椅子操，帮助缓解腿部水肿的现象，紧实腿部的肌肉。

大腿水肿，少吃盐

新妈妈要想瘦大腿，应注意减少盐分摄入，并预防便秘。体内盐分过多，易导致水钠潴留，腿部水肿，导致代谢受阻，同样不利于美腿塑身。新妈妈每天摄入盐分不宜超过 6 克。

手臂水肿这样吃

新妈妈如果手臂水肿，尽量多喝水，少喝冷饮，多喝花茶。少吃口味重的食物，多吃蔬果，加速身体排水排毒，不仅能瘦手臂，还能瘦脸。

常做腿部运动，助消水肿

1. 在椅子背后面，距离椅背一步左右的间隔站好，双手抓住椅背。

2. 右脚向前出一步，脚后跟着地，将右脚底部向身体方向拉近，尽量让脚面和腿成直角。

3. 左边膝盖稍稍弯曲，骨盆尽量向后，拉伸腿部肌肉。然后反方向做一遍。

Tips:
在做运动时，每个动作要做到位，动作的幅度应根据自己身体的承受能力来做到最大化。每天做 10~15 分钟即可，可以分成 2 个时间段来做，上午 10:30，下午 15:30，在缓解水肿的同时还能达到减肥瘦腿的目的。

产后水肿食疗方

产后新妈妈在产褥期内出现下肢或全身浮肿，称为产后水肿。有产后水肿的新妈妈，睡前要少喝水，饮食要清淡，不要吃过咸或过酸的食物，尤其是咸菜，以防水肿加重。

产后护理注意事项

不要吃过多补品

补品不要吃太多，以免加重肾脏负担。可多摄入脂肪较少的鱼类，并进行适量的运动以帮助身体恢复。

鲤鱼红枣汤

原料： 鲤鱼 1 条，红枣 4 颗，盐、料酒、红椒丝、姜片、香菜叶各适量。

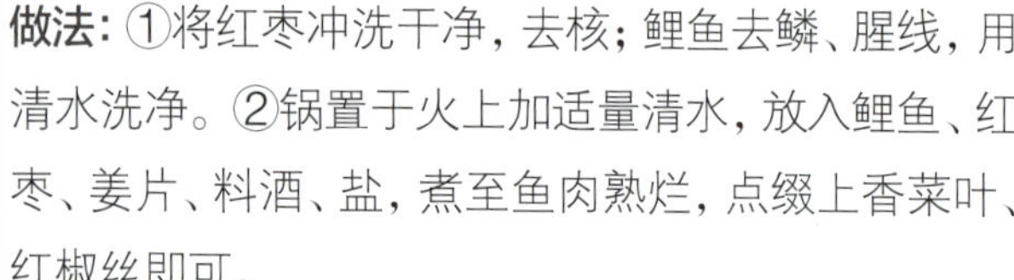

做法： ①将红枣冲洗干净，去核；鲤鱼去鳞、腥线，用清水洗净。②锅置于火上加适量清水，放入鲤鱼、红枣、姜片、料酒、盐，煮至鱼肉熟烂，点缀上香菜叶、红椒丝即可。

营养功效：鲤鱼滋补健胃、利水消肿，配以红枣，既可用于新妈妈产后水肿的食疗，又可补养身体。

红豆排骨汤

原料： 排骨 100 克，红豆 50 克，陈皮 10 克，姜片、盐各适量。

做法： ①将排骨洗净，汆烫后捞出沥干；陈皮洗净、泡软；红豆洗净，用水泡 4 小时。②所有材料放入锅中，加适量水，大火煮开后，转小火再炖煮 1 小时。③最后加盐调味即可。

营养功效：红豆含蛋白质、多种维生素和矿物质，有利尿消肿的作用。

月嫂私房话

多吃利水消肿的食物

新妈妈还可以采用补肾活血的食疗方法，去除身体里多余的水分。多吃利水消肿的食物，如薏米、红豆、鲤鱼等。带皮的生姜也有消肿的作用，在做菜时可以放些带皮的生姜。用薏米和红豆熬汤，可以强健胃肠、补血，也可以达到通乳的效果。红糖与带皮的生姜同煮，有活血消肿的功效，还可预防感冒。

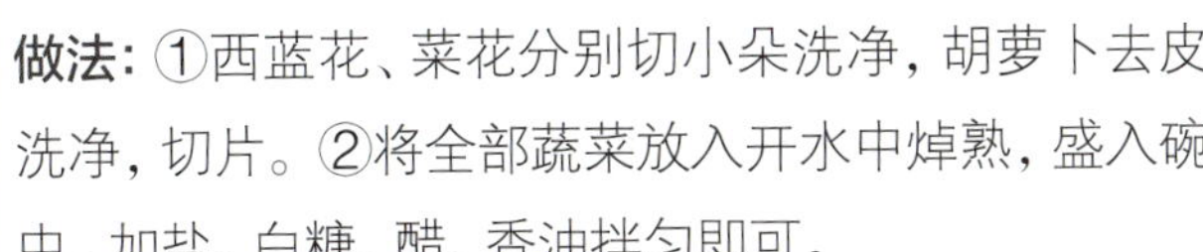

什锦西蓝花

原料：西蓝花、菜花各100克，胡萝卜50克，盐、白糖、醋、香油各适量。

做法：①西蓝花、菜花分别切小朵洗净，胡萝卜去皮洗净，切片。②将全部蔬菜放入开水中焯熟，盛入碗中，加盐、白糖、醋、香油拌匀即可。

营养功效：西蓝花有利尿通便、消除水肿的功效，可将其作为产后轻微水肿新妈妈的食疗佳品。

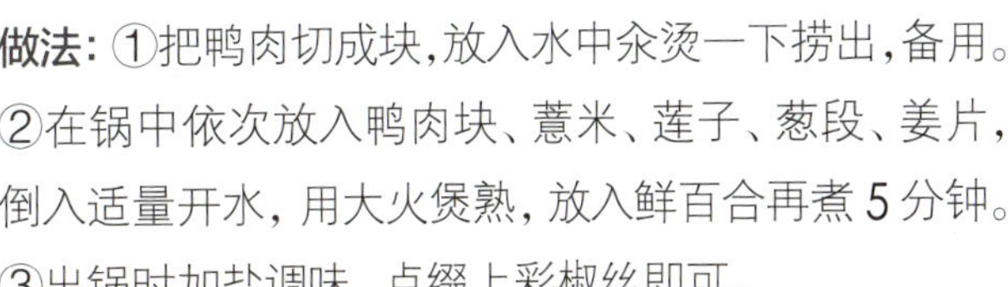

莲子薏米煲鸭汤

原料：鸭肉150克，莲子10克，薏米20克，葱段、姜片、彩椒丝、鲜百合、白糖、盐各适量。

做法：①把鸭肉切成块，放入水中氽烫一下捞出，备用。②在锅中依次放入鸭肉块、薏米、莲子、葱段、姜片，倒入适量开水，用大火煲熟，放入鲜百合再煮5分钟。③出锅时加盐调味，点缀上彩椒丝即可。

营养功效：鸭肉有滋阴、养胃、补肾、消水肿等功效，且易于消化，适合产后妈妈恢复身体食用。

附录：四季如何坐月子

四季各有美景，如古人所说“春有百花秋有月，夏有凉风冬有雪”，但四季气候各有不尽如人意的地方，春秋季多风干燥，夏季炎热，冬季寒冷。因此，季节不同，坐月子要注意的事项也各有不同。

春季坐月子

春季天气多变，气候很不稳定，也是传染病多发季节，因此，新妈妈春季坐月子一定要多注意天气变化和疾病预防。

春季，因为忽冷忽热，人们身体较普遍地会出现呼吸道系统疾病，而且抵抗疾病能力较差。新妈妈除了注意休息，避免过多接触外来人员外，还要多吃富含维生素的水果蔬菜，如菠菜、西红柿、白菜、胡萝卜、香蕉等，以防止发生流感、咳嗽、上火、口腔炎、口角炎、夜盲症和某些皮肤病等。

夏季坐月子

为了降低温度避暑，可以使用空调，将室温控制在28℃左右，所居住的环境需要避开阳光直射，尤其是上午10点到下午4点这段时间，因为这个时间段发生中暑的可能性是其他时间段的10倍。还应该多喝一些温热的白开水，补充大量出汗时体内流失的水分。千万不要因为天气炎热或怕出汗而喝冰水或是大量食用冷饮。天气热，食欲较差，可以适量喝些祛暑汤，如山楂汤、绿豆酸梅汤、西瓜翠衣汤等。

秋季坐月子

秋天气候多变，有两个特点：风和燥，因此秋季坐月子的新妈妈要注意防风润燥。

在秋季，稍微开窗透风也是可以的，但要注意不能让风直接吹头，特别要避免门窗打开的过堂风，可以将一个方向的门窗打开，将对面门窗关闭。如果风很大，则在新妈妈居住的房间内尽量不要开窗以免受风寒。一些新妈妈生怕自己受风着凉，平日里门窗紧闭，室内空气污浊，衣服捂得严严的，内衣总是湿漉漉的，这样很容易得病。

冬季坐月子

冬季人体受寒冷气候的影响，机体的生理功能和食欲等都会发生变化。那些在冬季坐月子，尤其是居住在北方的新妈妈，要注意防寒保暖。室内温度以22~26℃为宜，切忌忽高忽低。在没有暖气的南方，可以采用空调和电暖器等设备来保持室内温度。虽然要保暖，但被褥也不要过厚，即使是在冬天，被子也应比怀孕后期薄一些。